人生要靠自己成全

雾满拦江 —— 著

江西教育出版社
JIANGXI EDUCATION PUBLISHING HOUSE

图书在版编目 （CIP） 数据

人生要靠自己成全 / 雾满拦江著．-- 南昌：江西
教育出版社，2019.5
ISBN 978-7-5705-0859-4

Ⅰ．①人… Ⅱ．①雾… Ⅲ．①成功心理—通俗读物
Ⅳ．① B848.4-49

中国版本图书馆 CIP 数据核字 (2018) 第 292715 号

人生要靠自己成全

RENSHENG YAO KAO ZIJI CHENGQUAN

雾满拦江　著

江西教育出版社出版

（南昌市抚河北路 291 号　邮编：330008）
各地新华书店经销
三河市金元印装有限公司印刷
880mm×1230mm　32 开本　8.5 印张　字数 220 千字
2019 年 5 月第 1 版　2019 年 5 月第 1 次印刷
ISBN 978-7-5705-0859-4
定价：45.00 元

赣教图书如有印制质量问题，请向我社调换　电话：0791-86705984
投稿邮箱：JXJYCBS@163.com　　电话：0791-86705643
网址：http://www.jxeph.com

赣版权登字 -02-2019-091

目 录

第一章

学会一眼看穿事物本质

第二章
是时候建立你的认知体系了

第三章
你一努力，就暴露了你智商的不足

第四章
这世界，待你的确有失公道

第一章

学会一眼看穿事物本质

自相矛盾，才是认知自由的

01

当你长大了，就会接触到一样奇怪的东西——矛盾！

这么说有道理，反过来还有道理。

人生最深刻的知识与道理，尽在矛盾之中。

弄明白了，你这样做有道理，反过来做还有道理。

没弄明白，你这样是错的，反过来更是大错特错。

——所谓人生艰难，难就难在要打通规律的两面性。矛盾的事物，相反的道理，恰似一枚硬币的两面。想明白的人适应灵活，变通达透。想不明白，或是一味死钻牛角尖的人，就会动辄得咎，举步维艰。

02

自相矛盾这个成语，实际上是用来讽刺口是心非、言行不一的。

有个相亲类的电视节目。先上场 24 位女嘉宾，环肥燕瘦，各擅胜场。

然后男嘉宾逐一出场，双方互相挑剔，看看能否撞出火花。

有个气质型男子出场，女嘉宾们顿时骚动起来。

一位丰腴姑娘获得提问机会："你介不介意你女朋友的身材，像我这样……呃……丰满？"

男嘉宾沉静地回答："人的价值在于内心，不在外表。两人在一起时，感觉最重要。"

女嘉宾："请你正面回答介意不介意。"

男嘉宾："介意。"

这位男嘉宾的表现，就是极有意思的自相矛盾。

公众场合，总要说点冠冕堂皇，显得自己有品位、有智慧的话。

但实际上，这些极美妙的话并非是他内心真正的想法。

所以才会在女嘉宾的逼迫下，前后回答不一致。

——自相矛盾的人，只因现实环境，与你内心真实的想法不兼容。

03

有户农家，家里有个儿子。

这孩子，脑子呆呆，反应迟钝，少言寡语。

就是智商不靠谱。

虽然智商不靠谱，但毕竟是亲生的。父母每天乐呵呵，带着孩子耕田种地。

孩子很能干，肯吃苦。父母看在眼里，喜上眉梢。

可是孩子却一点也乐不起来。

因为他在学校的成绩，有点……丢人。

终于有一天，孩子苦恼地问父母："爸爸妈妈，我是不是天生就比别人笨？"

"胡说！"父母一听就炸了，"儿子，你能挑水，会耕地，一顿饭吃得比三头驴还多，咋就比别人笨啦？"

"你一点也不笨，笨的是那些说你笨的人！"

"是这样吗？"孩子半信半疑。

见孩子不相信自己的话，母亲带儿子来到田里，指着丝瓜和豆荚说："孩子，你听好了，丝瓜和豆荚，尽管长得飞快，可是这两种植物，必须攀附于其他的树木上。如果没有别的树木可以攀爬，它们就长不成。所以，做人，必须独立自强，凡事依靠自己。这是妈妈要告诉你的第一句话。"

然后，母亲又带孩子来到桂花树下，对孩子说："孩子，你看好了，这桂花要想长成参天大树，就不能闷头只顾自己成长，必须嫁接。桂花不嫁接，就会长成低矮的树丛，长不成大树。所以呢，做人，万不可单打独斗，要学会依靠别人。这是妈妈要告诉你的第二句话。"

"做人成事两条法则：一是依靠自己，二是不依靠自己。记住妈妈这两句话，你就能立于不败之地！"

咦……孩子呆住了：妈妈说的两句话，好像是相反的。

这究竟是坑人，还是教育孩子？

诧异之际，忽然间犹如电光石火，划过他那暗黑的脑际。

他想清楚了。

于是他就遵循母亲的教诲，恪守这两条相反对冲的道理，最终成为知名作家。

04

网上有个事儿：有个读书的孩子，遭遇校园暴力，被几个同学无故殴打。

班主任反而斥责他：人家为什么不打别人，专门打你？还是反省反省你自己的问题吧！

校方在这起伤害事件中，也是毫无反应。

得知消息，孩子的母亲，当时陷入抓狂，操起菜刀，就要去找班主任理论。

可走到门口，她却停了下来。

——孩子遭受欺凌，母亲的心，当然是愤怒至极。

——可要解决问题，却不能采用愤怒的方法。

必须冷静。

05

母亲放弃了找校方说理的想法，转而在家长的朋友圈中，与几个和班主任最说得来的家长拉关系套交情。

很快，母亲获知了班主任的住址。

而后母亲买了两盒茶叶，黄昏时分叩响了班主任的家门。

班主任开门后发现来的是遭受欺凌孩子的家长，顿时满脸戒备。

可是这位母亲并没有兴师问罪，而是语气真诚地感谢老师日常对自家孩子的照料，并对老师工作的辛苦表示感激。毕竟一个老师要教育那么多的熊孩子，绝对不是件轻松事儿，挂一漏万，纵有疏失也绝非老师的本意。

老师听了来访家长的话，顿有得遇知音之感，向家长倾诉了许多委屈。

说到最后，老师自己承认，在对待遭受暴力的孩子事件上，当时的处理方法确实欠妥，但自己也有自己的难处……双方愉快地聊到大半夜，班主任这才依依不舍让家长离开。

——整个过程中，家长一直站在老师的立场。

——老师无立足之地，只好站在家长的角度，替家长倾诉了许多不平。

此后，这个孩子在班级里，再也没遇到过被欺凌的事情。纵有同学想要欺负他，也会被老师第一时间喝止。

能够真正解决问题的人，最善于自相矛盾。

一个人最怕固化自我，说过的话信守的原则，多不过是当时环境下的应激反应。但环境时刻在变，我们内心始终不变的，除了对大善智慧的追求、对良知的恪守之外，余者都需要随之改变。

06

世间至理，尽隐于矛盾之中。

前面述及一位母亲教育孩子的两个法门：一是不依靠别人，二是学会依靠别人。这看似矛盾，实则是成就事业的真正智慧。

——不依靠别人，不是孤立自己，而是撑得起，立得住，才有个人事业可言。

——依靠别人，不是攀附别人，而是学会合作。把自己的事业，与别人的事业联系起来，才会更容易获得成就。

07

世界是矛盾的。

牢记下面三个法则，会让你成为一个玲珑剔透的成熟者。

第一条：世间任何道理，多半会有它的相反面。二者互相矛盾，却彼此支撑，这才架构起道理或智慧的本质。

第二条：面对问题，如果你只有一个解决方案，多半会遭遇与你预期完全相反的结果。

比如在教育孩子问题上，有的父母只知一味严厉，有的父母只知无限放纵宽容。结果前者让孩子陷入懦弱与恐惧，后者让孩子沦为熊孩子。再比如为人处世，有人事事忍让，落得个人善被人欺。有人尖酸敌对，又落得个众叛亲离。说到底，就是因为不善于适应环境而改变，才会让自己走入狭仄之地。

第三条：如果你能找到两个完全相反的解决方案，就会发现在认知更高的维度上，这两个相反的方案，实际是同一个方案的两面。

叩其两端而执其中。我们说话做事，一定要叩其两端，从两个方向逼近规律的本质，才能够轻松应对人生挑战。

08

中国最古老的智慧经典，是《易经》。

《易经》中的"易"，一是指智慧的本原，二是指永恒的变化，三是指绝对的相反，四是指循序而更替。

总之就是一个"变"字。

一个今天的我否定昨天的我，而明天的我又将否定今天的我的过程。

一个矛盾的过程。

人本身是个矛盾体，思维和认知，也是个矛盾体。人世间的规律法则，更是个矛盾体。做人处事，最忌极端。极端就是执拗异常，或是只认矛不认盾，或是只认盾不认矛，这又被称为"认死理"。认死理的人，最看不惯别人的言不由衷、前后矛盾，但世间道理，莫不过成对成双、相反构建。解决问题的法子，更是依据环境变化而改变，如果你不肯接受一个矛盾的世界，拒绝以矛盾化解矛盾的成事法则，就会把我们的认知逼入无可转圜的死角。人生最深刻的知识与道理，尽在于矛盾之中。做矛时，须得无坚不摧；为盾时，须得牢不可破。如这般自相矛盾，才是认知自由的最高境界。

高智商不如好性格，好头脑不如好心情

01

海明威说："性格的作用比智力大得多，头脑的作用不如心情。"

这句话，有什么依据没有？

02

网上有个段子：有个妹子养了只古牧。

妹子牵着狗狗出门，一个大爷走过来，惊呼道："这啥玩意儿？咋长这怪模样呢？"

妹子傲骄地回答："这是古牧！"

大爷恍然大悟："古墓派？知道知道，杨过和小龙女，你牵的这货，应该就是大侠杨过的雕生的吧？难怪长这模样。"

"不是……"妹子艰难地解释，"古牧就是古牧，跟杨过的雕没关系。"

大爷："不都是古墓派吗？怎么能说没关系？"

妹子："古牧……是古代英国牧羊犬啦！它是狗，是狗，不是鸟！"

大爷："不是你早说呀，你不说明白，我还以为古墓派再现江湖了呢。"

"什么呀你这是……"妹子气得头昏。

大爷走开，过来一个大妈，惊呼道："这啥玩意儿呀？咋长这怪模样呢？"

……惨了，刚才与大爷的对话，妹子不得不重复一次。

大妈走开，过来一位大哥，惊呼道："这啥玩意儿呀？咋长这怪模样呢？"

……对话再次重播。

大哥走开，过来一位大姐，惊呼道："这啥玩意儿呀？咋长这怪模样呢？"

至此妹子心理崩溃。

03

相同的对话一再重复，妹子恼了。

面对惊呼询问的大姐，妹子铿锵有力地回答："这是熊猫！"

古牧当然不是熊猫。但妹子希望对方明白，她好烦，不想跟你说话，明白不？

但大姐不明白，认真问道："哦，原来是熊猫，妹子从哪儿弄来的？"

妹子："……捡的。"

大姐："哪里有得捡？"

妹子："……马路牙子边上。"

大姐："哦，那它都吃啥子？"

妹子："锅包肉、大米饭、茄子辣椒炒鸡蛋。"

大姐："小姑娘勿要乱讲，谁不知道熊猫是吃竹子的？"

妹子："菜市场上买不到竹子。"

大姐："但可以买到笋子。"

　　　　　　人生要靠自己成全

妹子："菜市场的笋子，让药泡过，熊猫吃了不消化。"

大姐："真的假的？用什么药泡的？"

妹子："……我哪知道？我只知道菜市场的笋子不能吃。"

大姐："有道理，有道理，还是小心点妥当……不对啊，你家的熊猫，怎么只有一只眼睛是黑的啊？"

妹子："……它品种不纯。"

大姐恍然大悟："难怪难怪，你看这只熊猫，两只手都是白的。正宗国产猫，两只手都是黑的哦。就好比黑猫警长，对不对？"

妹子快要哭出来了："熊猫那不叫手，叫前肢……而且熊猫是熊不是猫……算了。"

大姐："还是不对，你家猫咋个没尾巴呢？猫猫都是有尾巴的啊。"

妹子："它跟狗打架，被咬掉了。"

大姐："原来如此，我说熊猫都是憨憨的、笨笨的嘛，还真是这样。咦，猫不是会爬树吗？让你家猫爬个树看看。"

妹子终于抓狂："它不是猫，是古牧，是条狗，不会爬树的啦。"

大姐："我就说嘛，这货怎么看都跟熊猫没关系，原来是古墓派传人……不，古墓派传狗。听说小龙女要过过过过过的生活，你怎么看？"

妹子哭了。

终于发现，还是老老实实地播放和第一个路人的对话，更省事、省心。

04

世上本无事，庸人自扰之。

之所以庸人自扰，是因为我们缺乏耐性。

结果却是无端复杂，反倒陷入更大麻烦。

05

知乎上有个聪明孩子，叫马丁。

规规矩矩上班，老老实实打卡。

忽有一天，领导问他："小马，有女朋友了吗？"

"女朋友？"小马哥心中思索，"领导为什么要问我这个问题？多半是想给我介绍姑娘。领导介绍的女朋友，谈成了还好，谈不成，岂非里外不是人？"

单身的小马真诚地撒谎道："领导，我有女友了。"

"哦。女朋友是哪儿的？"

小马仓促回答："青岛的。"

哦，领导没有再问，这事就算过去了。

眨眼快过年了。领导忽然把小马叫去："小马，回家的票买好了没有？"

小马："买好了。"

领导："你女朋友，是青岛哪个区的？"

小马心生狐疑，领导为什么这么关心我的女朋友？勉强回答："青岛市南区的。"

领导："好巧啊，我妹妹在青岛，也是市南区。她要捎点东西给我，你女朋友过完年，从青岛回来时，可不可以替我捎过来？如果太麻烦，我再想想别的办法。"

"不麻烦不麻烦……"小马口中说着，心里却懊悔不迭。这瞎话越编越离谱，明明没有女朋友，明明自己过年不去青岛，可是弄到这地步……唉。

06

谎撒得有点大，圆不回来了。

可又没得办法。小马总不能明确告诉领导：我压根儿没女朋友，以前说的话是骗你的……不能这么说，这会破坏自己形象的。

只能先回家过年。

然后，小马早早离开家，奔赴青岛去圆谎——于凛冽的海风中，终于等到了领导的妹妹，把那点东西带了回来。

只为一个小小谎言，专门跑趟青岛。

——而且以后还有更多的麻烦，万一哪次领导还要托他从青岛捎带东西呢？

想要弥补这个漏洞，最好的法子莫过于告诉领导自己和女朋友吹了——可这样，又绕回到了开头，这个谎白撒了，除了自搭车资跑趟青岛，毫无意义。

07

我们的人生好比一座房子，只要点燃一角，就会越烧越旺。

弄得我们前后奔赴，不停抢救。

——而最初的原因，不过是芝麻大的一点小事儿。

08

带古牧出门的妹子，别人问起时，其实只要简单回答一句："这是古代英国牧羊犬，温顺随和的长毛狗，就长这模样。"

就是一句话，说清楚就没事了。

可是妹子不肯。

非要回答一句易于引发歧义的话：这是古牧。

而后围绕着这句话兜开圈子，她不肯把事情简单化，最终是越绕越复杂。

一如知乎上的小马哥，人家问他有没有女朋友，有就有，没有就没有。领导未必一定给你介绍女友，就算介绍，你不喜欢，领导还会吃了你不成？

没必要的谎，非要乱撒。

结果越绕越兜不住，年没过好，自己搭车资，后面还有说不尽的烦恼。

——就是缺乏真诚和耐心。

想以复杂化的方式让人知难而退。

结果把自己陷进去。

09

缺乏真诚、缺少耐心的人，总想撒个小谎，把事情复杂化，阻止别人接近。

但往往只会让自己身陷其中。无端拉升了生活成本，活得苦不堪言，却连面对自我的勇气都没有。

想要避免这种奇怪人生，只需要想明白几件事：

第一，所有人的终极目的，都想过一种简单、直接的生活。

这是我们的出发点，也是最终目标。如果奉行这个目标，就会顺风顺水，逆之而行，就会陷入混乱。

第二，缺乏真诚友善，无端讨厌人，是迷失人生的主因。

我们希望简单，因此对意外的打扰充满厌恶，对他人极不耐烦。陷入不耐烦的情绪，我们就迷失了方向，忘记了简单化的法则。

第三，烦躁下的复杂化，会把生活弄成一团乱麻。

我们以复杂的手法对付别人，希望对方知难而退。但这只不过是情绪的宣泄，不仅达不到目的，反而会让自己泥足深陷。

第四，最低成本的交际，莫过于简捷明确。

简捷明确，是听着简单、做起来不易的智慧处世法。有些人先是不愿意简单，不愿意把话说明白，慢慢地，就真的说不明白了。

第五，回到初始认知，学习把话说简单、说明白。

在母腹里时，我们生活在羊水中，都是游泳高手。可离开母腹，却需要重新学习游泳。一旦学会，就再也不会忘记。语言也是这样，复杂化让我们遗忘了简单的表达，但如果再学会，就会成为终生的智慧。

10

高智商不如好性格，好头脑不如好心情。

这句话，说的是人与人的智力相差无几。

但人与人的性格，却天差地远。

那些动辄不耐烦的人，那些动不动就陷入烦躁的人，总会在无关紧要的小事儿上失控、撒谎，或是口不择言。而后陷入因此带来的麻烦中，忙碌奔波，不过是为自己的失误付出代价。

他们的人生，就这样消耗在毫无意义的枝节上。

——除非他们明白过来，除非他们意识到烦躁的心让自己迷失了方向，改弦易辙，回归简单。

所以，海明威说："优于别人并不高贵，真正的高贵是优于过去的自己。"这句话不过是在告诫我们：时刻惕厉自己，做一个优雅温和的人，不浮躁、不焦虑，任何时候都不失态。唯一颗不失静和的心，才能让我们在面对他人时，不无端生厌、不陷入复杂化的冲动。人际交往的最低成本法则，莫过于言简意赅。细心、耐心、真诚友善地面对别人，把话说清楚、说明白，人生就会回归简单。反之，当我们故意复杂化，并不会阻止别人，只会作茧自缚，陷入不堪与混乱。

如何让知识转化成思想

01

中国最有名的思想名人，当然是孔子。

但孔老夫子，脑壳里的知识贮量，有多少呢？

——孔子不懂离散数学，不懂天体物理，不懂量子力学，没学过法学金融学，不懂 AI，没见过低腰裤情趣衫，连 Q 币都不会充。

孔老夫子穿越到现在，连小学生都分分钟碾压他。

但要说到学问立身，至今还没有一个人能够超越孔子。

这是为什么呢？

02

会读书，却不懂得应用。

这就是许多人，脑壳里的知识比孔子多，却无法与孔子比拟的原因。

——因为他们读到的书学到的知识，游离于他们的认知之外。

并没有构成他们思想。

03

有个学市场营销的孩子，兴冲冲地找工作去了。

老板带他出门，听客户云山雾罩地瞎扯一番。

回来后，老板让他赶紧出方案。

出方案……那就出呗。

他苦思冥想，照猫画虎，弄出份方案，拿给老板。

老板只看了一眼，就扔了回来，说："不行不行，你到底懂不懂啊？"又耳提面命，把客户的要求对他复述了一遍。

他假装听着，心里怒骂老板："你个傻蛋，懂个啥啊？就知道冲老子指手画脚。老子奋斗了二十年，不是听你教训的！"

回到工作台位，他一声不吭，把原方案悄悄给客户发了过去。

客户回复，用词用语，竟然跟老板一样。

"嘿，现在这人都怎么了？看不出我这方案有多好吗？就知道指手画脚瞎咧咧！"

他很生气。

下班后，遇到个还没毕业的小师妹，他说起谋生的艰难、老板恶心、客户难缠，这世道真是太难了。

小师妹眨着眼睛听着，说："把你的方案拿给我看看。"

"你还懂这个？"他不屑地把方案递过去。

小师妹仔细看完，对他说："这几个地方，你照我说的，这样修改……"

"嘿，你个还没毕业的黄毛丫头，在老子面前装什么装？"他心里冷笑。

第二天上班，老板催促他快点儿修改方案。他无法可想，只好按照小师妹的吩咐，修改过后，拿给老板。

老板看了后没吭声，立即发给客户。

客户立时回复："一切 OK，那就按照合同执行吧。"

事后他想了几天，才终于想明白。明明还没毕业的小师妹，何以修改之后的方案，就立即获得老板客户的认同？只是因为小师妹吃透了课本理论，应用于实践。而他呢？学的时候就不怎么用心，毕业后学的那点知识，早就还给老师了。

所以，他在知识应用领域惨遭小师妹碾压。

04

哲学家叔本华说，知识的质量，远比数量更重要。

知识质量，就是指知识的高效实践能力。

——与现代人相比，孔子的知识数量固然少，但人家应用能力超强、质量超高。

但孔老夫子，又是怎么应用学会的知识呢？

05

孔子曾问学生子贡："你以为老师是学了无数知识，才懂应用的吗？"

子贡反问："难道不是吗？"

孔子说："你差矣，老师我是一以贯之——掌握了知识之上的基本原理，将所学到的知识贯连起来，才做到娴熟应用。"

那么这个最上面的原理是什么？

——孔子说："这个原理，不是一句话、一个口诀，不是一句傻子听了后，立刻变成高智商的神奇咒语!"

——这原理,是洞穿知识体系的认知!

——是思想!

孔子的原话,是这么说的:"人能弘道,非道弘人。下学上达,叩其两端,举一反三,反求诸己。"

06

"人能弘道,非道弘人。"如我们前面讲的故事,毕业工作的师兄被在读的小师妹智力碾压。不是你学了知识就成了牛人,是牛人让知识体现出高质量的应用价值。

要想不被别人的智力碾压,就必须下学上达,叩其两端,举一反三——如果发现很难做到,一定是未求诸己,是自己顽固的旧认知妨碍了知识的应用。

所以,孔子最讨厌四个东西,无端的臆测、武断的成见、冥顽不化的固执与自以为是——子绝四:毋意、毋必、毋固、毋我。

孔子认为,知识在人家手中,百用百灵,到了你这里就失灵了,就是因为你的认知和知识犯冲,降低了知识的实用价值。

必须破除自我认知障碍,才能学以致用、知行合一。

07

叔本华说,知识必须应用于人类社会本身,才会构成你的认知、你的思想。

按孔子的教程,要想让知识转化为思想,需要四个步骤:

　　　　　人生要靠自己成全

一是复原知识的体系。没有哪个知识是孤立的，它一定是知识大树上的一枚果子，只有见到这株树，你学的知识才会贯通。

二是明了知识运用的学理环境。任何一个知识体系都绝非孤立，还有一个更大的体系，一个更大的实践目标和领域。

三是掌握知识应用的人际环境。如孔子说，知识，就是知人。不懂人性，就会犯下孔子所告诫的所有错误。

四是向比你差的人学知识，向比你强的人学认知、学应用。所谓下学上达。子曰，不患人之不己知，患不知人也。意思是说，如果你的知识应用得不是那么得心应手，必是旧的认知拖累了你前行的脚步。

认知或思想，必须通过深入的思考，才能够自然形成。如孔子，他那时候没有几本书可读，孔子思考的方式是三人行，逮谁跟谁学，遇到厉害的人就学他的思维方式，遇到差劲的人就吸取他那种错误的教训。前一个是加法，让你的思想渐渐丰盈；后一个是减法，让你的错误越来越少。

最高的思想能力、最高的认知力，是一针见血、直逼问题本质的洞见。妨碍你的认知的，恰是顽固的旧认知，欲成大事业，须破心中贼。所以阳明先生诚恳建议，让自己的认知升级，最好的办法是事上练，于工作、于生活学习的每个方面，实践你所知道的道理法则，化解性格中的臆测、武断、固执及自以为是。当认知中的残缺与不足渐渐减少，你就会迎来智慧的升华与思想的爆炸。

正确看待事物的五种维度，你做到了几个

01

公号文先生，说了件事情：

湛江市徐闻县一所小学，有名学生中午在学校食堂吃完饭后，不知去向。老师急忙打电话给家长。

家长接到电话后，怒气冲冲赶到学校，问了句："谁是班主任？"

班主任回答："我是。"

家长暴力一拳，击在班主任的脸上。

眼角当场被打开裂。

缝了9针。

……这位家长，何以如此暴戾？

02

教师、医生和警察，这三种职业，是无差别面对公众的。

哪怕地球上只有一个坏人，也有可能被他们遇到。

朋友曾跟我说过一件事儿：有个暴力家长，持刀到学校殴打一名男老师。

大庭广众，众目睽睽，老师被打得头脸乌青，抱头鼠窜，也无人管。

家长挥舞着刀子，把老师赶进了学校后面的工匠房。

过了一会儿，暴力家长单手提刀，慌里慌张地跑出来。

所有人吓呆，认为可怜的老师铁定被他杀掉了。

突听一声怒吼，就见大家以为被杀了的老师，出现在门口，手持一柄利斧。

老师挥斧，向暴力家长冲过去。

家长这次不暴力了，脸色惨白地逃窜。

却听持斧老师高吼道："沿老子刚才逃跑的路线逃回去，老子要把丢失的面子，再找回来！"

呃，这个要求……还算合理。

03

据悉，事件中打人的家长经营酒吧，愿意赔钱。但校方顶住了压力，没有同意。

其实，伤害事件发生后，这事已经超出了学校的管理范围。

学校说了不算！

——法律说了算！

有部电影《生化危机》，也许有些朋友看过。

你看了觉得它有什么教育意义？

影片演的是一家公司的计算机有了意识，放出僵尸病毒，并追杀所有不是这家公司员工的人。整个剧情就是"轰轰轰……哐哐哐……"从头打到尾。教育，意义，好像跟这种动作片不贴边吧。

然而，不同人眼里的世界是不一样的。

知乎大V孙Vincent先生，注意到了影片中一个极其重要的细节。

剧中女主角与大反派决战。

大反派有个坏手下，"哇哇哇"追杀女主角。

女主角对坏手下说："你想清楚，我也是这家公司的董事，持有50%的股份。"

大反派哈哈大笑："那又怎么样？他是我养的狗狗，根本不听你的。"

"对呀对呀，"坏手下急忙表忠心，"我只听坏老板的，老板让杀谁，我就杀谁！"

女主角微微一笑很倾城："坏手下，你被解雇了。"

坏手下："……解雇了又怎么样？"

女主角："计算机会干掉所有不是公司员工的人，你死定了。"

说话间，计算机发飙，轻易地宰杀了坏手下。

孙Vincent先生说——这就叫法学思维。

只有懂法学思维，才会设计出这个梗。

——缺乏法学思维的人，不要说设计这样的梗，看电影时注意到这个细节，就老厉害了。

04

街头，经常会有普法活动。

多数活动，都在反复告诫大家：莫杀人，别放火，杀人要偿命，放火悔终生。

这些宣传当然很重要——但也恰恰说明，我们对于法律的理解，还停留在原始认知阶段。

把法律单纯地理解为惩戒，而没有意识到：法律是社会规则，甚至是一种生活方式。

05

知乎大 V，Du Daniel，讲述了美国人如何来玩转法律。

有位美国兄台，在院里种菜。但院子里有蛇，当地法律禁止猎杀野生动物。他只能眼看着蛇在他的院子里自由游弋，一直到蛇把他的菜弄得乱七八糟，他这才操起家伙，动手杀蛇。

可他这么做，不犯法吗？

不犯。

因为，蛇糟蹋了他的菜，已经是害虫了。当地法律允许除掉害虫。所以，他的行为完全合法。

——请注意，蛇究竟算是野生动物，还是害虫，这事任何人说了都不算。

——蛇的行为说了算。

——如果蛇老老实实在地下爬行、打洞，那谁也不敢碰它，因为它此时是野生动物。

——但如果蛇把菜地拱得乱七八糟。不好意思，它的行为让自己成了可以被杀掉的害虫。

06

到底什么是法学思维？

——以法律为起点，只看行为、不究动机的思维习惯。

如果你有出庭经验，或是做过律师，就会知道，法庭之上，根本不像影视剧中的情节，双方唇枪舌剑、论战攻守——真敢这么做的律师，铁定刚刚入行没两天，分分钟输掉官司。

那么双方在法庭之上，比拼的是什么呢？

——是谁能把话说清楚，说到对自己有利，并让别人信服的能力！

是界定事实的能力。

不是吵架的能力。

07

事实就是事实。

缺少法学思维的人，特爱讲这句话。

——但只要你稍有点儿法学常识就会知道，大多数事实，都有主观要件。

什么叫主观要件呢？

比如说，法律课上，老师讲了个案例：有一男子潜入邻家，刚刚进门，女主人就回来了。男子急忙躲到床下，但还是被发现。男子抗拒出逃，最终被抓。

讲完后，老师吩咐同学们："现在，你是这名男子的律师，要如何替他辩护，才能尽到律师职责呢？"

学渣站起来："我以入室盗窃罪名替他辩护，最多……判个十年吧。"

学弱站起来："建议当事人称他入室，是觊觎女主人的姿色，但因为强暴未遂，最多只判三年。"

学霸站起来："建议当事人称入室之后良心发现，放弃了强暴想法，这叫犯罪中止，无损害后果。这就可以当庭认罪开释。"

学神站起来："建议当事人称，他入室是想强暴男主人。但因为法律没有这样的条款，所以我的当事人会当庭无罪开释。"

……听听，一件事件，不同叙述，结果竟天差地远。

讲这个段子，不是让大家学习狡辩，而是认知到事实的结构。

事实由两部分构成：一部分是客观要件，男子入他人之室；另一部分，是男子入室的原因——这是事实的主观要件，对此的描述，决定着最终的结果。

08

回到湛江徐闻事件，我们就能意识到：当暴力发生时，当事人与周边的人，第一时间应该报警。

但在叙事中，我们看到更多的，是求助于行政与舆论的力量。

——只是因为，我们还没养成法学思维的习惯。

遇事以行政为中心，呼吁保护。

而非以法律为起点，诉诸公堂。

校方当然应该出面，但此事已经构成法律事件，报警也好，上法庭也罢，都需要我们法律意义上的描述：

第一，切记，任何事件都有主观部分。

第二，重点放在事件的客观要件上，主观部分要与客观要件完美吻合。

第三，简捷精准，不可出现言辞上的歧义与漏洞。

第四，无情绪，不主观。听者可以瞬间理解。

第五，任何时候，绝不跟着对方走。无论对方有多少漏洞，都不要理会。你说你的，他说他的，双方比拼的，是谁的叙事更让人信服。

当你有了深刻的法学意识，你就占据了认知的制高点，能一眼洞穿对方的心理活动，不会轻易受到伤害，更易于在纠纷之中，说服对方，避免暴力。

09

我们总渴望着更强大的庇护。

希望单位或是舆论帮助我们这些弱者，击退那些思维原始的暴力狂。

——但单位或是舆论，也是由人构成。

——由不同层次的认知构成。

而在我们谋求强者支持时，最需要的是冷静的叙事力。

我们需要把话说清楚、说明白，能把事情的客观部分叙述得简洁明确。能把握事情的主观部分，不给对方以先入为主、自我标榜的印象。实际上我们每个人都是个小律师，对家人叙述、对朋友叙述、对单位领导叙述、对公司的同事与老板叙述。

法学意识不足的人，易犯叙事不清的毛病。明明自己有理，但客观轻而主观重，情绪多而理性少，往往会在叙述中反遭无端责难。

缺乏法学思维很容易造成"明明有理却无法让人信服"的局面。

那么，就从语言开始，从点滴训练自己。先学会厘析语言中的事件、观点与情绪，着重事件，不说观点，不带情绪。如阳明先生所说：人皆可以为舜尧，哪怕是再迷信暴力的人，也能够识辨出你话语中的智慧含量。一旦他意识到你的认知明晰简练，暴力者就会立时化身为小绵羊。倘若对方不识进退，那就在法律规范内，与对方展开对决。我们不惹事，但也不怕事。我们唯独怕自己学习意识不足，不肯于这个各自为战的成人世界，赋予自我强大的知性思维。

别说话，做个安静的美男子

01

人与人之间，应该坦诚相见，对不对？

——如果你说对，那就错了！

坦诚相见这种事，是公共澡堂才会发生的事儿。

出了澡堂，大家都会穿几件衣裳。

如果你坦诚出来，去往精神病院的专车分分钟赶到，带你回病房。

……那照这个说法，我们大家都不要坦诚，都学着虚伪、狡诈、谎话连篇，这样的世界，岂不是非常可怕？

要想弄明白这个问题，先得从一个熊孩子说起。

02

这个熊孩子，年方 5 岁，险些把爹妈折磨得疯掉。

熊孩子跟妈妈逛街，看到糖葫芦，不由自主淌出口水，移步过去。

妈妈急忙拉住他："宝宝，咱不吃糖葫芦，糖分太高不健康。"

"不健康？"熊孩子眨眨眼，"宝宝听妈妈的话。"

"对了，这才是好孩子。"

继续向前走，经过冷饮柜，熊孩子停下："妈妈，我要喝可乐。"

妈妈："……可乐是碳酸饮料，会腐蚀你的牙齿，你想让自己满口烂牙吗？"

熊孩子顿时大哭："不嘛，我是'无齿之徒'，只要可乐不要牙！"

"你这熊孩子……"大庭广众之下，妈妈气恼交加，把孩子带到一边，耐心说服。

说了好长时间，妈妈唇焦舌烂，熊孩子终于不哭了，委屈万分地央求："我听妈妈的话，不喝可乐了，就买个糖葫芦安慰我一下，好吗？"

"……那行吧。"

替孩子买了糖葫芦，妈妈突然恍然大悟：好像什么地方不对……中熊孩子的诡计了。

03

被熊孩子摆了一道，妈妈气急攻心。

下次上街，妈妈打定主意，如果这次熊孩子再哭闹，爆打屁股没商量！

可这次，熊孩子并没有走向冷饮柜，而是抬腿进了药店："妈妈，给宝宝买药。"

妈妈："……宝宝没病，不用吃药。"

熊孩子："不，宝宝有病，医生说病了就得吃药。"

妈妈："……宝宝比猪还健康，真的不用吃药。"

熊孩子："妈妈你确定？"

妈妈："当然确定。"

熊孩子："那既然宝宝没病，吃个糖葫芦应该可以吧？"

"可以……哎，你这熊孩子，在这儿等着我呢！"

可怜的妈妈，被这熊孩子气到哭。

04

熊孩子，为什么不直接说想吃糖葫芦呢？

因为这个要求，不被允许。

所以，熊孩子在生活实践中，学会了声东击西、围魏救赵的上乘兵法。

——其实我们都是熊孩子，在漫长的成长中，经历了太多的拒绝、否定与禁止，让我们学会了言不由衷，学会说些貌似正确但实际上并非是出于本心的话。

这个道理，看似连孩子都知道——可有些人，活到80岁都不明白！

05

有个男人，年纪老大，却独守空房。

形只影单，没有女朋友。

朋友们问他："你是不是太挑剔了？"

男子正色回答："不，我一点儿也不挑。我只想找个人品端庄、积极上进、有事业心、有家庭感的姑娘为伴，这也叫挑吗？"

这样的好姑娘，真的有……朋友们立即行动起来，纷纷把适合条件的姑娘介绍给男子。

可不曾想，这些姑娘男子只见一面，就摇头不止："哎呀，这个妹子频繁换工作，说明她没定性呀。""那个姑娘在一家公司好多年，这说明她缺乏改变勇气。""那个姑娘穿得太艳，会不会不安于室呀？""这个妹子穿得太朴素，分明不懂生活情趣。"……

挑到这份上，大家终于醒过神来："喂，你何不直说好了？其实你就是想找个有钱有背景，容貌又漂亮的白富美，让你少奋斗20年的，对不对？"

"不！"男子愤怒了，"不要污辱我，我不是那么庸俗的人。"

"少来了，其实你就……唉，不说了，你一个人单着吧。"

——正如朋友们所说，这位兄台内心真实的想法，就是想找个有钱有背景的白富美。可如果把这话直接说出来，未免没品太俗。

所以呢，他就按照自己对自己的完美想象，把真实愿望做了个华美的包装。

这就是我们所面对的现实。

真正的内心意愿，不是那么高大上，而人类偏偏对他人有着极为苛刻的道德洁癖和要求：用普通人的下限要求自己，用圣人的上限要求别人。所以世人为了求存，纵然俗不可耐，也要满脸神圣。这就让这个世界充满了迷惑与迷幻。

06

面对一个遍布虚相的世界，我们的认知要走过艰难的四步，才能修炼到熊孩子般游刃有余得心应手的境界：

第一个阶段：看不透，看不破。

也可以说是看山是山，看水是水阶段。

比如说，你听多年打光棍的兄台说，他要找个人品端庄、积极上进、有事业心、有家庭感的姑娘为伴，你马上就信了。

……连这句话你都信，你的脑子呢？

小时候，纵然你吃个糖葫芦，都要和爹妈斗智斗勇。而一个经历了无数风雨的成年男人，岂会不顺应世俗的要求，那么容易向你坦陈心迹？

郭德纲先生说：前半夜想想自己，后半夜想想别人。

——想想自己，想想你为坦率地说出内心想法，付出多少惨痛代价！

——想想别人，想想他们为了避免庸俗的责难，费了多少心思扭曲自己！

想明白这些，就走过了这个阶段。

07

认知成长第二个阶段：看明白了，想清楚了——但忍不住要说出来。

这个阶段，又称看山不是山，看水不是水。

诸如替光棍兄台介绍妹子的朋友们发现兄台心口不一时，就忍不住愤怒了，当场斥责对方言不由衷。

可当你指责对方时想没想过，对方生下来时也是和世界"坦诚相见"的。可是在成长过程中，遇到好吃的他伸手抓，却立即遭到责打；看到漂亮小妹妹伸手去抱，却好险被警察叔叔捉走。人家花了几十年的时间，才学会按你们的要求扮演个高尚人士，你又指责人家口不由心，有这么欺负人的吗？

等你明白"直截了当地掀开对方的底牌，非要人家坦诚内在"是失礼之举时，你就走过了这个阶段。

08

认知成长的第三个阶段叫：知而不言，笑而不语。

看山还是山，看水还是水。

再听到单身男说他只想找个有上进心、有事业心、有家庭感的妹子，你就只管点头。别说话，做个安静的美男子。

其实人家真的没有撒谎，这些条件是真诚的、实实在在的——只不过，对方和你一样，许多时候都是在表演。正如你出门时衣衫光鲜，遮掩住别人最不想看到的部位。

你如此，人亦然，又何必我是人非？

09

走到了认知的第三个阶段，就面临最后的破局。

网上有个男孩自述，读中学时，和一个女同学家门对门。

后来因拆迁，两家分开了。

但男孩的母亲对姑娘念念不忘，一心想让对方做自己的儿媳。

只是儿子有点儿呆萌，始终不知如何表白，两人的关系若有似无，连打个电话都找不到话题。

忽然有一天，女孩主动打电话过来，男孩跟她简单聊了几句，就把电话挂了。

男孩母亲急问："她说什么了？"

男孩哼哼唧唧半晌："好像是……她说她晚饭吃了点冰镇草莓，好像不太舒服。"

母亲立即紧张起来："不对，女孩天性矜持，仅仅是不舒服绝对不会主动打你电话。再打回去，问她是不是住院了。"

"住院！不会吧？"男孩半信半疑，拨打女孩电话。

果不其然。

男孩立即赶往医院，见女孩正孤零零一个人，在医院里捂着肚子满脸痛楚地排队取药打点滴。男孩急忙上前照料，才知道女孩儿的父母都出差了，她突然身体不适，想求助于男孩，偏又脸皮太薄，电话里含糊几句就挂了。

幸亏男孩母亲敏悟，这才促成两人姻缘。

——这就是认知的第四步：片语只言，点到为止。知其所需，明其所求。自然而然，天遂人愿。

10

佛家称：众生皆苦。

通常解释称，众生之苦，来自心中求之不得的欲念。

然而，猫、狗、驴、狼也是众生，它们何曾有太过强烈的欲念？

众生之苦，苦就苦在语言的表达能力落后于心智的发展。猫、狗、驴、狼语言根本不发达。而人类，口头能够表达出来的，远不及心中所想的十分之一，而且还含糊失准。再加上别人解读失误，许多人都曾有过明明是想表达善意，可听在人家耳朵里却充满了讽刺与挑衅的经历。

可怜的人类，为了减少曲解与失误，只好捡些高大上的来说，从而导致我们越想说明白就越说不明白。

最高的认知，是认识到人类表达匮乏之苦，是认识到人性中的艰难与繁涩，认识到所谓的坦率真诚，是认知达到极境才会企及的智慧。所以不要抱怨世人虚伪，不要指责别人不真诚。实际上每个人都在努力、都在尽力。但认知之路，要破除我们心中的情绪与执障，这是一个不可低估的挑战。所以我们需要宽和之心、慈悲之德，才能成就认知的大善智慧。

学点帝王术，人生不迷糊

01

有朋友在网上发表感慨："乱世用能，平则去患。盛世惟忠，庸则自从。"一直不明白为什么民国时代多英才，现代多庸人。现在懂了。国家盛世稳定，不需要有才华、有创意的人穷折腾，乖乖地亨受太平就好。

看到这句话，感觉有人把书读错了。

"乱世用能，平则去患。盛世惟忠，庸则自从。"系引唐代《罗织经·控权卷四》，此书比兔子尾巴还要短，但其对人性的剖解，尤为惊心。

——此书既然剖解到人性，解读就会重于文字本身。否则的话，一语之失，贻误终生，后悔药可不好买哦。

如何从这几句话中，解读出更具价值的人性呢？

02

《罗织经》说："权者，人莫离也。取之非易，守之犹艰。智不足弗得，谋有失竟患，死生事也。"

——控制自我与他人的能力，一刻也少不得。获得这种能力极不容易，守住这种能力更为艰难。智力不足，既控制不了自己，更控制不了他人。就算是你有成熟的控制力，但只要稍有疏失，就会失控。总之这是人生大事，不可疏失马虎。

如何才能获得这种控制能力呢？

第一阶段：乱世用能。

字面的意思是，指导帝王在混乱崛起时代重用有能力的人……可俺不是帝王啊，那还指导个啥？

——哲学家帕斯卡尔说：每个人都是被废黜的帝王！

我们的心智认知，都是帝王式的，以自我为中心，纵横捭阖，布局天下。布明白了，就获得经济自由与心灵自由；没布明白，那就有点儿惨：工作不好找，收入低又少，裁员必有你，出门狗也咬……总之活得不爽。

如何才能走出废黜，步向经济自由呢？

说过了——乱世用能！

03

在我们二十郎当岁的年轻阶段，在我们事业起步时期，在我们还缺少足够的生存资源的时候，这个世界，于我们而言就是"乱世"。

所以，我们要崛起于草莽之间，从默默无闻走向钵满盆满。这是我们的"乱世"，是一个人的"兵荒马乱"。首先要知道什么叫能，能是胜任，是本事，是才干。其次要知道如何运用自己的能力，懂得用才干搭建平台的方法。然后才能够借用他人之能，合众人之力，将我们共同的事业推向高潮。进而在这个过程中，形成滚雪球效应，让我们的资源越来越丰富，远离匮乏与无助。

获得能力最容易，只要我们踏实肯干，能力就会增长。运用能力就比较难，这世上不乏有能力却得不到认可的人，就是因为他们的能力运用陷入孤境，没有与他人融并汇合成平台的意识。而一旦能力衍生成为平台，又需要克制以自我为中心的天性，这更是难上加难。

正因为难，所以人生才变得饶有趣味，变得富有挑战性。

04

获得控制能力，获得自由的第二阶段是：平则去患。

创业难，守成更难——难就难在"平则去患"这四个字上。

人生事业，是有一个奇怪规律的：

事业之初，走出人生的低谷，大致 80% 依赖于个人能力，只有 20% 才需要环境的助力。乱世用能，就是因为能力在这个阶段起到主要作用。

但当事业稍有小成，规律法则就变了。

事业小成阶段，能力的权重开始降低，人品的价值渐显。这也是年龄处在 30 岁左右的人所面临的局面。

30 岁左右的人，如果再找工作，就不太好穿着牛仔裤四处递简历了。这种玩法是初涉社会的年轻人的规则。35 岁左右的人，或是朋友引荐，或是猎头来挖，买家除了看专业能力，更多的是看人品和团队管理能力。

这个阶段要拼的是人品，再不能把话说绝，要稳重，要庄严，毛病越少越好，越平和机会越多。这个状态就被称为"平则去患"，隐患越少，抓住机会的概率越高。

05

如果如愿度过事业小成阶段，就进入了第三个阶段：盛世唯忠。

这是人在 40 岁左右的事业概述。

盛年事业，讲究一个"忠"字。

对谁忠？

——人生要忠于自我，忠于内心。

这个自我，不是我们嘴上说的我，而是走出本能，超越情绪，回归本质的自我。

这个内心，不是迷乱的情绪，而是我们来此世间的初心。

我们来到这个世界，雄踞于食物链顶端，不仅仅是做个吃货，而是要探寻生命的价值，追溯生命存在的意义。

这就意味着人届中年，不能泥陷仨饱俩倒的颓废人生，而是要回归于少年的浪子情怀，让自己如刚刚淬炼出来的宝剑，在暗黑之夜，光芒四射。这就意味着 40 岁左右的大叔，不可满足于油腻的肥肚腩，要如少年那样贪婪，努力地学习，淬火再铸，蝶化重生。

06

走过盛世唯忠的重生蝶变，就进入了人生第四阶段：庸则自从。

——中年而后的人生，不唯是家庭的庇护，更应该成为年轻人的感召，成为时代的中坚。

学海无涯，事业无止。能够如愿完成前三个阶段，就会进入个人能力只占 20%，而我们的人品影响却高达 80% 的阶段。走到这一步，我们吃过苦，尝过甜，有经验，有人脉，有耐性，谙规法。正是大展身手，引领尚不成熟的事业者的时刻。

这个阶段，也是我们步入智慧的幸运期。我们所需要做的，只是"愿意"二字。

07

总结概述：《罗织经》是一本讲述如何利用人性的书。

我们当然不会利用人性，但必须洞穿人性。至少能够从这本书中，萃取出人生的几个阶段：

第一阶段，20 岁左右的乱世用能阶段，这个阶段，你的能力占到你事业的 80%。

第二阶段，30 岁左右平则去患，此时能力价值降至 60%，人品价值升至 40%。

第三阶段，40 岁左右盛世唯忠，此时能力价值降至 40%，但愈老弥辣。人品升至 60%，就是所谓的以德服人。

第四阶段，人生最美丽的时期，能力越来越强，但价值比重只占到 20%，余者 80% 全是德性与人品。

——不唯人生是这么个规范，就连组织结构，比如企业发展，也是遵循这个过程的。

08

企业发展，也逃不规律的制约。

小型企业小老板，讲究乱世用能，不仅员工主管能力要强，老板更要能力过人。

中型企业老板，想做大没机遇，想垮掉很容易。这阶段讲究平则去患。换句话说，就是活下去，活到机会到来的春天。

接近于大型的企业老板，算是盛世了。在这样的公司里，一定要忠于自我内心，绝不可有丝毫懈怠，要做最好的员工、最有价值的主管、最抢手的高管，才能够再上一层楼。

企业成为业界顶尖，社会资源自然丰富，但最大的危险也来临了。此时须得小心呵护自己的脉门死穴，求之于高则又高，才能够将追逐而来的危险远远抛在后面。

09

人生成长、企业发展符合人性，甚至连婚爱也是如此。

——恋爱之初，是乱世用能，你须得有一手，才能让对方倾心相从。

——婚恋之始，是平则去患，纵容自己缺陷者，会把婚姻变成爱情的坟墓。

——有了孩子，是盛世唯忠，忠于内心，忠于家庭。

——此后就是庸则自从，就是别人看着羡慕，仿效你的人生观念及生活方式。

总之，人性自有规律，打掉随着年岁渐长而生出来的怠惰、消沉与颓丧，保留我们心中的烈火和激情。绝不是让你做个丧失行动能力的呆萌蠢宝，如果有谁在书中读出个结论，那不是书误了人，是人误了书！

10

人性其实是浅显的。

事物的规律，也是很直白的。

——但我们迷乱的心，总是对抗人性自身，对抗规律。

正是这种对抗，让我们脆弱到不堪一击。

——如果我们不能够回归本心，仍然停留在古时代的语境中，我们就会失去自我，并在这种古旧的文本中，因为错误的解读而再一次遭受伤害。

该觉醒了。

以我们的心，以我们的沉静与睿达，对我们的本性作出简洁的解读，这个过程就是觉醒。而在古老的经典中，觉悟者被称为佛。我们不敢擅言与佛陀比肩，但回头是岸，我们还是可以努力的。走出昏涩，走出阴晦，走出迷妄而错乱的情绪，回归本心，澄明如月。乱世用能，平则去患。盛世唯忠，庸则白从。正如《罗织经》中所说，情多矫，俗多伪。如果我们仍未获得自由，不过是矫情伪俗，与内心的优秀本质相对抗，才导致了我们步步艰危，压力重重。只要我们走出迷乱昏妄，就会步入阳明先生所说的人皆可以为尧舜的自然之境，就会步入智慧，获得快乐与永恒的福祉。

不怕人性难测，怕你难测人性

01

我有个朋友，青春期来得比较早。还没读高中，就和校花早恋了。

事极隐秘，除了交心换命的死党，无人知晓。

但没想到，死党果断向学校举报了。

有天他正抱着校花，教导主任突然出现，一脚踹飞他，温柔问道："你真这么怕冷？非要抱团取暖？"

——结果自然是要叫家长。

父亲来校，带他回家。

进门后操起棍子："跪下。"

打孩子是不对的……可这世道，没地方讲理……淫威之下，他只好跪下。

父亲举起棍子："知道为啥打你吗？"

"因为……早恋。"

"错！"父亲大怒，"跟早恋没关系。你自己想清楚为啥打你，想清楚你就可以逃过这顿打。"

呃，不是早恋的事……那为啥要打？

02

眼见木棍落下，他惊恐交加，抱住父亲大叫："亲爹饶命，求科普，不是为了早恋……那为啥要打我呀？"

"因为你有眼无珠，目不识人。"父亲呵斥道，"早恋未必会毁掉你，谁年轻时没个荷尔蒙上脑的时候？但遇人不淑，择友无方，会让你人生付出极惨代价。瞧瞧你交的好朋友，竟然出卖你！今天打你，就是让你长点心智，知道人性难测！"

一语惊醒梦中人。

他好像在一刹那，明白了好多道理。

03

不怕人性难测，怕你难测人性。

——不会测量人性，必被人性测量。

04

英国有个妹子，尼基·伊安妮，壮壮的、萌萌的。

认识了警官乔·普拉萨德，并与之成为恋人。

相亲相爱，永不分离那种。

而同时，尼基也对警察的职业，产生了美好的向往和追求。

于是她努力又努力，在乔的帮助下，终于成为一名警花。

相爱的人，相同的职业，说不完的共同语言。尼基与乔的爱情，更加甜蜜炽烈。

可是有天，尼基正在警察局忙碌，同事们突然冲过来，拔枪对准了她："不许动，马上把裤子脱掉！"

脱……裤子？面对黑洞洞的枪口，尼基惊呆了："为啥呀？"

"有人举报你吸毒，所以要对你进行尿检。"

……尿检结果，尼基根本没有吸毒。

可是大庭广众、众目睽睽下，被同事们拔枪逼脱裤子，这件事对尼基的心理，造成了十二万点的伤害。

是谁诬陷我呢？

她很困惑。

05

又有一天，尼基的朋友圈中，出现了她只穿内衣的不雅照。

尼基极窘迫。

是谁偷拍了她？

为什么故意把这张火辣照片发在朋友圈？

又过不久，同事们又集体炸窝，拔枪对准了她。

这一次，是警方接到密报，称尼基贩毒。

——而且果然，在尼基的包里，搜出了两包毒品。

这下尼基说不清了。

幸好还有科学。

——科学检测发现，毒品上并没有尼基的 DNA。

——却有她男朋友乔的指纹。

而且同事们又在乔的家里，搜出一部手机。朋友圈中尼基的不雅照以及举报尼基的讯息，全部是来自这部手机。

竟然是相亲相爱的男友干的。

可这是为什么呢？

尼基陷入了困惑。

06

尼基困惑，可能因为她……不爱看美剧吧？

美剧《行尸走肉》中，有着与她的情形一模一样的情节。

这部剧的开始，是两个警官，瑞克和尚恩，肝胆相照、生死相随。为了保护尚恩，瑞克受了伤。突然间爆发僵尸乱，尚恩将昏迷不醒的瑞克藏在医院，保护着瑞克家人，乱世亡命。

逃亡途中，尚恩毫无私欲，勇敢无畏，保护瑞克的妻子和儿子，并始终期待着好友瑞克出现。

可瑞克迟迟不出现。

天长日久，尚恩和瑞克的妻子产生了感情——然后，瑞克"扑腾"一声，突然间跳了出来。

尚恩就尴尬了。

以前，尚恩是所有人的主心骨，所有人的救星和依赖，存在感爆棚。可是瑞克来了，他的地位和影响，刷的一下就降至冰点。

瑞克和尚恩都在努力，想找回肝胆相照的感觉。

——但终究顶不住人性的必然规律。

这个规律就是：每个人的人生，只能有一个主角——自己！

尚恩的人生，不能容忍瑞克做主角。

瑞克的人生，同样不能容忍尚恩做主角。

原本是情交命换的挚友，不得不向对方举起了枪。

07

《行尸走肉》中的瑞克和尚恩，之所以有着生死相依的情谊，那是因为他们各有各的人生。

在事业上，他们相互扶助，彼此信任。

在生活上，他们相互尊重，彼此独立。

这是一种完美的人际关系，所以才会让人羡慕。

可是剧情的发展，让两人的私生活混而为一。

谁也无法活在别人的生活中，必须独立出来。这就导致了瑞克与尚恩关系的破裂。

——英国妹子尼基和她的男友乔，也是这样。

08

此前，尼基和警官乔各有各的生活。

——可是后来，两个人的事业、生活混而合一了。

不是说两个人在共同的工作环境中就不能相爱，而是尼基和乔，未能处理好关系的变化。一如《行尸走肉》影片中的尚恩，对于瑞克的到来并主导自己的生活极不适应。

男友乔，眼看着尼基成为警花，从他的生活领域走入他的事业圈，并取代他成为光环人物。这让他有种遭受到贬抑的感觉。

被贬抑的不适感，让乔不择手段企图摧毁尼基——结果乔搬起石头砸了自己的脚，他因妨碍司法公正，被判入狱七年。

尼基伤心，相亲相爱的人，竟以阴险的手段暗算自己。

乔更上火，一失足成千古恨。恋个爱竟把自己弄到身败名裂，入狱七年，这是哪儿出错了呢？

09

——你的心智模式，你与人沟通的方式，决定了你生存的环境。

正常情况下——注意是正常情况，我们以为是环境影响着我们，但实际上，我们所有的努力，不过是创造自己所看到的环境。

记住以下几点，你就可以学会测量人性，避免落入陷阱：

第一，人性不是难测，而是不可测。

人性是环境的产物，是因环境而做出的应激反应。

脱离了环境，就无法认知人性。

第二，相同的环境下，多数人的反应是相同的。

现实中，读书的死党举报好友早恋，那是因为好友夺得校花，让好友内心好失落。英国妹子尼基遭男友乔陷害，那是因为尼基进入乔的职业圈，表现卓异，让乔生出失落之心。

一如美剧《行尸走肉》中，尚恩之所以和瑞克决裂，就是因为瑞克的出现，让乔的作用与价值降低。

——所以不要让你的亲人、好友感受到失落，否则你就可能遭受攻击。

第三，人类的认知结构，是以自我为中心的。

人类在千百年来进化出的普遍人性，是求存，而非求真或求品德。

既然求存，难免会让别人不适。

所以老子说：鱼不可脱于渊，国之利器不可示于人——任何时候你都要留一手，以便在环境变化、人心思变之时，有自保之力。

第四，我们所做的一切，都是在力图让环境适应自己。

可是适应我们的，却未必适应别人。

你多么想改变环境，别人就有多不想被改变。

你多么努力改变环境，就会遭遇多么强大的阻力。

所以老子讲无为，无为不是什么也不做，而是让对抗者自行碰壁，然后他们就会主动顺应规律而改变。

第五，越是希望世界变好，就越需要智慧。

所有人都在变，世界也在变。

但未必如你所愿的变。

如名著《基督山伯爵》结尾所说：人类的一切智慧，都在等待与希望之中。

等待是不激起人性对抗。

希望是巧妙而正确的引导。

这就是智慧。

10

电影大师卓别林，在他 70 岁生日时，写了首诗：

> 当我开始爱自己，
> 我不再渴求不同的人生。
> 我知道任何发生在我身边的事情，
> 都是对我成长的邀请。
> 如今，我称之为成熟。

成熟，就是你知道人性的脆弱、敏感，知道人性经不起诱惑，更经不起失落。

此前的你，只知道不可以考验人性。

但现在你知道，不主动考验人性，还算不上成熟。真正的成熟，是你知道人性不过是环境应激的反射，只要别把对方置于失落忧愤之地，对方就不会走入极端。此外你还知道，之所以有成熟这个状态存在，那是因为还有许多人并不成熟。不成熟的人，往往理解不了善意，习惯蹬鼻子上脸，得寸进尺。即使把他们放在宽松的环境里，他们也不知道爱惜。但人性的不成熟，并非是恶意的存在，只是所有人都有的成长过程。

因为成长，所以等待。

所以等待，因为希望。

如果你相信自己，就有理由相信别人。但相信别人，就更需要智慧。智慧不过是察觉环境的变化，明了人性与环境的互动模式。多数人都会走出黑暗，只要你有足够的耐心、足够的信任，就会看到这一切。

重新解读童话《白雪公主》中的人性

01

书本上的知识，是要应用的。

懂得应用，才算是学有所获。

不会应用，哪怕读遍天下书，不过是只两脚书橱。

对知识的应用与解读，就是认知。

认知力强大的人，能够把自己所学点滴超限发挥。

如果认知力足够用，哪怕在孩提时代的童话故事中——比如白雪公主——都可以做到勘破世相人心。

……啥？你说你不信？

那我们操练一下——

02

《白雪公主》故事，你应该倒背如流。

在一个王国，王后生下个雪玉雕琢般美丽的小公主后就死了。

国王立即娶了新的王后。

新的王后，有面神奇的魔镜。

每天早晨起床，王后就问魔镜："魔镜呀魔镜，世界上最美丽女人是谁？"

魔镜回答："世上最美丽的女人，那必须是王后你呀。"

王后于是好开心，好开心。

故事讲到这里，问题就来了：

魔镜是什么？

为什么王后每天都要问魔镜同一个怪问题？

03

——王后的魔镜，不过是我们的比较之心。

世上有些人，内心是无主的，没有立身的自我价值评判标准。

这类人活得极是凄惶，他们必须在外界寻找依据，凡事都要和人比较，以别人的标准为标准，以别人的价值为判断依据。

凡事和人比，就会时刻面临心理失衡。如果他们比过别人，就会嘲笑别人，戏侮别人；而如果他们没有比过别人，又会妒火中烧，嫉恨别人。

04

所以，王后是个没有内心判断标准、妒火中烧的人。

于是有一天，她再问魔镜："魔镜魔镜，世上最美丽的女人是谁？"

魔镜回答："王后，世上最美丽的姑娘，是白雪公主哦。"

呜哇哇呀……王后就炸了。

王后为什么会愤怒呢?

——王后想成为世上最美丽的女人，这有错吗?

这种想法没错。

——可是天赋或能力，达不到自己渴望的结果。

——欲望与能力的落差，就是心中的愤懑。

——欲望越强，越容易愤怒。

05

愤怒的王后，发誓夺回天下第一美貌的宝座。

方法有两个:

一是整容、美图，努力让自己的美丽超过白雪公主。

二是……杀了白雪公主。

王后选择了第二个方案。

——越是不堪之人，攻击意识越是强烈。

——在这种人的逻辑里，消灭你，就是超过了你。

所以在这世界上，你至少会看到两种人:一种是奋斗型，他们运用自己的认知能力，不断努力，改变命运;另一种人不做任何努力，却对奋斗者挖空心思地羞辱伤害，想把对方拉低到与自己同样不堪的程度。

前一种人，行走在流言风语之中。但他们的事业渐成渐大，最终收获丰硕人生。

后一种人，只知道一味伤害别人。如此时日长久，事业荒芜，人生一片空白，最终懊悔不迭。

白雪公主是前一种人。

王后是后一种人。

06

狠毒的王后叫来一个猎人："我命令你，把白雪公主带到森林里杀掉，再把她的心脏带回来，以证明你完成了任务。"

猎人："遵命！"

猎人将白雪公主强行带到森林深处，要杀掉白雪公主。

白雪公主苦苦哀求："猎人大哥，你好英俊哦。求求你，求求你不要杀我。"

"这个……"猎人最终犹豫了，放走了白雪公主。然后猎人拿来颗野猪心，献给王后，王后相信了猎人。

王后让猎人杀掉白雪公主，但猎人放走了她。

——把事情交给别人，就得不到你想要的结果。

——你要求别人做的事儿，别人最多做到20%。还有80%，对方会以各种理由搪塞。

——如果你是白雪公主，就知道天无绝人之路。所有人都是可以说服的，只要你愿意放下身段，想法打动他。

07

故事读到这里，最可怕的问题终于浮现：

狠毒王后命猎人杀白雪公主，可是国王呢？

国王为什么不保护女儿？

而且，白雪公主逃走后，并没有去找父亲投诉，而是逃往森林深处，逃到无人能够找到她的地方。为什么？

——有时候，你所遭遇的人生问题，除了你自己，谁也无法帮你解决。哪怕你最亲的人、最信任的人，他们也不知道你所面临的险恶处境。

——只能靠自己。

08

白雪公主逃入森林深处，发现一座小屋子。小屋子里，住着七个小矮人。

小矮人们收留了白雪公主。为什么白雪公主遇到的是小矮人，而不是巨人？

在童话里，体型意味着能力。

小矮人，是比白雪公主更柔弱、更不具伤害力的人。

——当你需要帮助时，要找比你弱的人。

——越弱心越软。

——越弱越不会拒绝别人。

——如果你向强大的人求助，强大者必有强伤害力。哪怕他无心，但是你脆弱，仍然难以避免被伤害。

这就是白雪公主的智慧与聪明。

09

王后以为白雪公主死了。

早晨起来，她开心地问魔镜："魔镜魔镜，谁是世上最美丽的女人？"

魔镜回答："王后，世上最美丽的女人，是与七个小矮人快乐生活在森林的白雪公主。"

什么？白雪公主没有死？

王后震惊了。

她终于明白过来，猎人靠不住，任何人都靠不住。

——想做任何事儿，只能靠自己！

10

王后化妆成不法商贩，来到了小矮人住处，敲开门，对白雪公主说："可爱的小姑娘，我这里有个苹果，想不想要？"

白雪公主："当然想……可我没钱。"

王后："免费的。"

白雪公主："快给我！"

白雪公主接过苹果，吃了一口，然后就倒下了。

——天下没有免费的午餐。

——越免费，越昂贵。

——无论你得到什么，总是要付出代价。

11

七个小矮人回来，发现白雪公主昏迷不醒。

他们努力抢救白雪公主，人工呼吸、按摩推拿，用尽了能够想到的所有办法。但白雪公主毫无反应。

后来有个白马王子路过，看到白雪公主，说："这么漂亮的姑娘，可惜了。"

白马王子俯身，亲吻了白雪公主一口。

白雪公主醒来了。

……为什么？为什么真诚的小矮人，无论如何努力，也唤不醒白雪公主？而路过的王子，随便亲一口，白雪公主就醒了呢？

——善良很重要。

——能力更重要。

——只有善良却没有能力，善良就只是无助而已。

——如果你是个小矮人，力量太弱，就无法让人立起来。哪怕美丽的人就在身边，她也会心如枯井，波澜不惊。

——你的心，须是个白马王子，自由、高贵、奔放、不羁，贯达人性，才能得到世间最美的。

12

王子娶了白雪公主。

毒王后得知消息后，骑着扫帚赶来破坏，途中突然遇到一个闪电，扫帚起火，王后惨叫着，一头撞击在地面上，坠毁身亡。

作为故事中的大反派，王后活了一生，始终都是为白雪公主而活。因为王后没有自己的人生目标，没有自己的价值评判体系。她活着的唯一动力，就是想尽办法给白雪公主添堵。结果是荒废自己的生命，成就别人。

——有些人，正如故事中的王后，活得机械而被动，没有方向与目标。他们一辈子愤世嫉俗，围着别人转，看别人这样不顺眼，瞧别人那样不对劲，最终他们活得低价值甚至没价值，虽然还在喘息，却跟死了没两样。

13

整个故事告诉我们：王后之错，错就错在她非要与白雪公主比拼青春美丽。

这怎么比拼得过？

——不同年龄的女人，有不同的优势。

——20岁活青春，30岁活自信。40岁活娴静，50岁活智慧。60以后活豁达敞亮的心。

——要看到自己的优势。

14

经典之所以成为经典，是因为故事中有人性规律，又极典型。

每一个流传甚广、经久不衰的古老故事，都可以照此解读。

——如丑小鸭，你会看到少年成长过程中的艰难挣扎与磨合。

——如灰姑娘，你会看到一个人若想逆袭，需要多少智慧与资本。

如果你稍微用点心，几乎在任何一个故事中，都可以解读出人性的规律。

有些人，没读过多少书，但他们也能够成就事业，甚至成就非凡的大事业。而另外一些人，书读无数，知识海量，可人生事业，却是磕磕碰碰。

这种差别的形成，是因为前者善于解读应用，而后者，却缺乏应用能力。

努力做个善于解读、巧妙应用的人。哪怕你是个小学生，此时的知识量恐怕已经超过了古哲先贤，你最应该训练的是知识应用的能力。从身边的每件小事，从他人的每一个细节，从你曾听过的无数故事中，解析出那万古千秋不变的成事法则与隐秘规律。只有当你真正开始爱自己，才会唤醒沉睡的心，赋予自我内在的认知力量，洞穿人性与世相，赢得自己的未来与人生。

第二章

是时候建立你的认知体系了

从做狗到做人，突破认知局限

01

有个朋友说了件事，瞬间火爆朋友圈。

他家的狗狗，因体型略大，就定制了一只狗笼子。

师傅答应做好狗笼，送货上门。但到了时间，却不见踪影，打电话也不接，他只好自己找了去。

到了地方，惊讶地看到狗笼已焊好，只不过，师傅正蹲在"牢"中，哭丧着脸抓住铁栏，见到他泪如雨下："快快快，把我弄出去。"

朋友惊呆："你……怎么钻进狗笼子里了？"

师傅："我……焊大了劲，不小心把笼门焊死，把自己焊在里边了。"

"哈哈哈哈哈哈哈……"朋友笑趴在狗笼前。

可这有什么好笑的？

——我们的认知思维，不过就是画地为牢。

——被自己所知道的，牢牢地局限死。

02

狗狗是个好老师，生动地告诉我们什么叫画地为牢。

有个妹子，闺蜜养了条超凶的大狼狗，并将之关在一只特别大的大笼子里。

每次妹子到闺蜜家做客，狼狗就在笼子里凶猛而愤怒地冲击狂叫。

每次来，每次叫。

听到狗狗的狂吠声，妹子终于火了，就走到笼子边，大声斥责："你这个没良心的，每次都带香肠给你。你吃了香肠没天良，次次冲我汪汪汪。做狗不要太无耻，再敢乱叫，信不信我打你。"

"汪汪汪，汪汪汪……"听到妹子的威胁，大狼狗愤怒至极，两只狗眼几乎喷出火来，吠叫的愈发疯狂，还用力的拿脑壳撞击笼门。

妹子："不许叫，再叫真的打了。"

"汪汪汪，汪汪汪……"狼狗眼睛都红了，用力一撞，就听哐的一声……笼子门的门闩竟然被震得脱开，吱呀一声，笼门大敞四开，妹子与狼狗之间再也没有阻隔。

刹那间妹子吓呆了。

霎那时狼狗也呆了。

一人一狗，近在咫尺。

鼻尖顶鼻尖，你看着我，我看着你。

突然间，那条狗华丽转身，爪子一抬，灵活地关上了笼子的门。重新开始了隔门冲撞，大声吠叫。

妹子呆了半晌，才醒过神来……这条破狗，原来早就熟悉她了。之所以吠叫不休，显然认为这是个必走不可的流程，是个重要仪式。在这条狗的认知里，自己的天职，就应该待在笼子里，愤怒地撞击笼门并狂叫。如果笼门不小心打开……那就赶紧关上，以免出了笼子，面对着咬还是不咬这类过于复杂的问题。

03

理论上，人比狗聪明。

——但待在笼子里吠叫这事，人干得不比狗少。

知乎大 V fishmoon 讲过一个段子：

很久很久以前，久到了那时候还没有谷歌翻译，海外有家专门为洋人做英译汉服务的网站。

人工翻译，按字收费，一字一美金。价格公道，童叟皆欺，言不二价。

——可万万没想到，翻译服务没推出几天，就遭到网民们愤怒的声讨，被迫关闭。

为什么呢？

英译汉服务推出，客户登门，劈面就问："请问，A 用中文怎么写？"

"A？呃，中文里……没有 A。"

"不可能！那你说，中文的第一个字母怎么写？"

"这，这这这……中文里没有字母耶。"

"胡说！中文里怎么可能没有字母？没有字母中国人怎么识字？如果字都不认识，中国人怎么会活了几千年？你连中国的字母都不会，还敢说翻译收费，果然是骗子。举报！"

看这样的蠢老外，是不是跟那个把自己焊在狗笼子里的师傅一样？

——他们蹲在成见的笼子里，念着字母长大，压根不知道天底下还有象形字的存在。他们用自己的认知，囚禁了自己，错到离谱还不自知。

04

当我们嘲笑人家时，人家也在嘲笑我们。

每个人，都蹲在自我认知的笼子里。

05

认知的笼子，来自五个方面：

第一是不断叠加的记忆，这个叫经验。

经验老到是好事，但同质事件不断重复，人就会丧失思维力。

有位老兄因父亲遭遇车祸过世而悲痛不已，之后他得到了一笔赔偿金。

他就用赔偿款买了辆小货车，想拉货谋生。

可是奇了怪，每次有生意，这辆小货车就会出事，不是撞树上，就是撞墙上。

连续几次之后，再有生意上门，老兄先在父亲的灵前上炷香，虔诚地问：爹，这次咱们能不能去？

——通常情况，人们不会认可连续偶然事件。如果旧有的经验不再适用，第一时间往往不是想到突破，而是求助于冥冥中的神秘力量。

06

导致认知成笼的第二个要素是习惯。

有个大学男生，日思夜想，想把校花约出来。

壮起胆子开口，校花竟然答应了。

男生因兴奋过度而大脑充血，所以他需要冷静，于是就机械地一边走路，一边踢小石子。

踢着踢着，忽然间美丽的校花"哎哟"一声，走路失去平衡，高跟鞋脱落了。

机会来了，只要男生蹲下身，替妹子穿上鞋，那就——然而，男生惊恐地发现，自己冲上前，飞起一脚，将校花的高跟鞋踢飞。

校花震惊地看着他。

他也被自己的举动震惊了。

此后，男生在学校始终单身，到他毕业离开，女生宿舍里仍然流传着一个弱智男的传说。

——注意你的习惯，哪怕是小小的、不经意的习惯，它也会变成你的行动。

07

本能，是认知成笼的第三个要素。

有位老兄，买了件杀马特风格的怪衣服，被同事嘲笑。

郁闷之下，他下楼买了件西装，把旧衣服丢在公司的垃圾筒里。

——这衣服却被捡垃圾的大妈捡了去，穿在身上。

然后，所有的同事看这老兄的眼神都是怪怪的。老兄努力地解释，但大家坚信不疑，断定他和捡垃圾的大妈有一腿……否则何必心虚掩饰？

08

主观愿望，是认知成笼的第四个要素。

有位少年，骑电动车去找前女友，求复合。

他与前女友面对面，不停劝说。

忽然间，前女友的嘴角勾勒出一个美丽的微笑。

少年欣喜若狂，知道这是前女友最开心的表情，莫非是复合有望？

可是好奇怪，前女友开心过后，旋即恢复了冷冰冰。

少年无奈离开，出门时惊叫一声："哎呀，我的电动车被人偷走了……"

难怪前女友心花怒放。

09

锁死我们认知的第五种力量，是固化了的成见。

孔子的弟子子贡说，君子恶居下流——如果一个人，不讨人喜欢，那么他的一切行为表现，都会被做出对他不利的解读。

如果他话多，人家会说他尖酸；

如果他话少，人家会说他阴险；

如果他在场，大家会说他见好事就抢；

如果他不在场，大家会说他见坏事就躲。

——认知的笼子，往往是先有观念，再依据观念解析事件。

10

知道了认知笼子是如何形成的，就能够钻出来。

——相信经验而不唯经验。当经验不可靠时，就是我们需要破局之时。

——大多数时候的所谓思考，不过是习惯的持续。是习惯的细节构成了我们。如果习惯是好的，我们也错不到哪去；如果习惯不太好，我们的生活也会处处受影响。

——本能是操控我们的最强大的底层力量，认知并接受它，才能避免堕入人性陷阱。

——能够区分内心愿望与现实，这叫明智。明智的人更喜欢拥抱美好愿望，但明智的人不会止于愿望，而是用行动，让现实与愿望合拍。

——我们心中的成见有多少，我们的认知就固化多少，智商就降低多少。所谓认知，不过是熔断成见，重新出发。

提升认知，永远要牢记一个法则：

认知一旦被占据，就牢不可破，再也不会改变。无论是经验、习惯、本能、愿望还是成见，终其一生都不会再变。

只有迭代，重新结构认知的诸要素，以新认知覆盖旧认知，以新的思维，迭代固化的成见，我们才能钻出笼子，重见天日。

只有当认知升级，我们仍然是我们，经验仍在，只是更具价值。习惯保留，只是替换成好的习惯。本能永恒，但洞悉且明晰。愿望须臾不离，但不与现实混淆。旧有的成见化解，认知区域扩张，但新的成见再次出现。无论我们走出多远，都走不出自我心中的成见。只不过，我们能做的，是让成见这只笼子，足够的大，能够容下我们的人生与未来，能够让我们周转自如，甚至能够让我们奔行一生，仍然是看不见的无边风景，花香鸟语。

老子说，吾有大患，为吾有身。困扰我们认知的，恰恰是认知本身。所有的智慧不过是相对的，要想明心见性，瞬间把握生命本质，就需要承认这一点。知其白，守其黑。知其雄，守其雌。知道身在笼中，才会看到笼子外边的广阔天地，知道认知有局限，才会有无休无止的破局与重建。怕什么真理无穷，进一步有一步的欢喜。认知牢笼每扩大一点，带给我们的都是无尽的希望与可能！

是时候建立你的认知体系了

01

社会竞争日趋激烈，人人渴望自己的智商高一点。

可是智商高，真的管用吗？

曾有个高智商的猛男，智商高达 160，直追爱因斯坦。

学业顺利，让人羡慕。

高智商猛男，恋爱时遇到的妹子，智商只有 108，普通人而已。

所以猛男很鄙视女友。

为了畅快地碾压女友，高智商男带女友去做智商测试。

02

高智商男带妹子做的智商测试中，有这样一道题：

大象、老虎、老鼠和蛇，这四种动物中，有三种是同一属类，但有一个是特类。

请问：哪个动物是特类？

如果参加测试的是你，会选择哪个动物？

03

测试中，妹子选择了大象。

当时高智商男就震惊了，一再追问女友："你为什么选大象？为什么要选大象？正常人类，都是选择蛇的。"

"我我我……不正常吗？"妹子被逼问得窘迫万分，就问，"为什么正常人选蛇？"

高智商猛男回答："这么简单的问题，还用问吗？因为大象、老虎和老鼠，都是胎生的哺乳动物，只有蛇是卵生的。所以四种动物中，特例是蛇。多么简单的自然科学啊，你说你怎么选择了大象呢？你到底是怎么想的？"

"我想……"妹子支支吾吾地回答，"我是看老虎、老鼠和蛇，都在十二属相中，只有大象不是，所以我……就选了大象哦。"

高智商猛男更加震惊："你脑子是不是有病？是不是有病？你自己说你正常吗？你的智力是有问题的，你就是个智障！"

"你……你智商高就智商高呗，干吗要骂人家呢？"

妹子彻底被碾压，嫁给了高智商男。

——十年之后，事情有了一个大反转。

04

婚后十年，妹子不断努力不断打拼，事业风生水起。

可是她那高智商老公，却是每况愈下，一天不如一天。

两人的感情，也走到了尽头。

可能是为了唤回昔日的温情吧，两人为婚姻做了最后努力，如恋爱时一样，又一起去测智商。

可这一次，智商原本是 160 的老公，测试时惊恐发现，他的智商下降了 30 个点。

而妹子的智商，却上升了 20 多个点。

看看这个男人，事业无成也就罢了，怎么智商还混没了呢？

——只因为他的日子，过得太舒服了，饱食终日，无所用心。大脑这个东西呀，用进废退，他太长时间不肯用，智商全都锈死了。

——而妻子却从未放弃过努力，从未放弃过思考。大脑越用越聪明，原本是普通人的智商，经过十年之久的不懈打拼，她让自己晋级为高智商人士。

05

十年之后，再来看这位高智商猛男，他在恋爱时，因为妻子在大象、老虎、老鼠与蛇的四个选项中选择了大象为特例，而恶毒嘲笑。但他的嘲笑，有没有道理呢？

——实际上，这道题有多种选择。按哺乳动物来分类，蛇就是特例。但按十二属相来分类，大象就是特例。妻子的选择，并不能说错。

实际上，当妻子解释了自己选择的理由时，他就应该意识到此题的答案并不唯一。可是他非但不肯自省，反而嘲笑妻子脑子有问题。

——实际上，脑子真正有问题的是他。

他的智商虽高，但认知却低。

06

智商，好比一个人所拥有的武器。智商越高，你拥有的武器越是犀利。

而认知，好比一个人的武艺。武林高手，飞花摘叶皆可伤人。

高认知的人，如同武林高手，不需要多么高的智商，一样纵横江湖。而高智商、低认知的人，犹如普通武师捧着倚天剑屠龙刀，再好的武器到得他的手中，也不比厨房的切菜刀更管用。

这就是高智商猛男之所以会无端取笑妻子，并在十年间智商骤降的原因。他智商高、认知低，所以智商向着低端的认知回落，最终大盘跳水，把自己混成一个悲剧。

07

时代进入了快车道。

未来 30 年，社会竞争将会异常激烈。

谁会赢得未来？

如同武林之中最后的赢家，不是捧着最犀利兵刃的人，而是武学修为最精湛的人。

未来 30 年，赢家不是那些高智商的人，而是认知高的人。

既然如此——又该如何提升我们的认知呢？

08

提升我们的认知，或是建立起我们的认知体系，只需要两步：

第一步，建立成熟的纠错机制。

什么叫纠错机制？

就是发现、找到并认识到自己认知中的错误，然后纠正过来。

09

阳明先生说：人和人之间，其实并没什么区别。人皆可以为尧舜。

但为什么，有些人活了一辈子，始终是浑噩糊涂呢？

——区别就在于认知！

所谓的圣贤，是那些善于修复自我错误的人。他们以发现自己认知不足为乐事，找到一个纠正一个。就这样，认知越来越明晰，越来越接近智慧。

而有些人，不习惯修复自己的错误，而是采取攻击他人的方式文过饰非。比如前面所说的高智商猛男，明明妻子告诉了他智力测试题的另一个思路，他却采用语言侮辱的方式掩饰自己的认知缺陷。最后他成功地捍卫了自己的低认知，却导致了事业无成、智力缩水，连老婆都跑掉了，你说这是何苦？

那么我们该如何建立认知纠错机制呢？

首先，建立"人非圣贤，孰能无过"的意识。

是人就会犯错误，我们都是人，不可能终生不犯错。所以要时刻警觉，一旦发现错误，就立即纠正。

其次，学会辨析犯错误的信号。

持正确观点的人，不会与人争执。你都正确了，还需要争吗？只有错误才需要固执，才会引发心理恐慌，本能地展开外部攻击。所以一旦发现自己陷入固执，对人开始指责攻击，百分百你就错了。

再次，分析错误的类别，有针对性地消解。

相比于行动，语言上的错误更固执，更严重。人类在语言上常犯的错误有三种，一是主观，二是扭曲，三是记忆偏误。

主观之错，是我们臆测他人的动机，指责对方人品，而回避事实本身。

扭曲之错，是我们夸大或是贬缩了事实。比如说我们指责约会迟到的女友：你怎么总是迟到？这里的"总是"必然会引发对方的不满而争吵，因为"总是"是对事实的扭曲，得不到对方的认可。

最后一个记忆偏误，是经常发生的事儿。比如我们记错了约会的时间，就属于这类型的错误。记忆偏误多是认知昏茫，心不在焉，所以需要我们保持思维冷静。

最后，是从自我纠错中获得成就感。

一个不断剔除认知错误的人，思维就会越来越敏锐，就会获得现实的经济利益与成就感，就会感受到快乐。渐而形成错误越少，利益越大的良性循环。就会走出无知，走近智慧。

10

建立认知体系的第二步，是完善我们的思维扩容系统。

什么叫思维的扩容系统？

就是我们的认知，是有边界的。

认知边界以内，我们是专家，是权威，说出话来有依有据，易于赢得别人的信赖。

但在认知边界之外，我们就是聋子、瞎子，一无所知。

认知之内，是我们的利益。

认知之外，是别人的利益。

低认知的人，最容易干出损害自己的事情。只有认知扩容，才能保护自己。

11

思维扩容，就是让自己成为终生学习者：

一是要保持好奇心，永远对未知新鲜事物充满求知欲。

二是专注，至少在一个或几个领域里，娴熟专业。

三是训练自己的概括能力，用简单的语言解释复杂的事情。

四是培养自己的拓展能力，把掌握的技能应用于新的领域。

五是包容事物的多样性，不闭锁自我。

六是要有发展的眼光、动态的思维，不让自己固执僵化。

七是只重事实，摆脱不稳定的情绪困扰。

八是对事不对人，只关注事实对自身的影响。

九是容纳多种不同价值观，涵容异质观点。

十是运用纠错机制，任何时候也不放弃成长。

大致能够做到这几点，就会越来越得心应手。就如同前面所说的妹子，起初或许智商很一般，但随着认知的提升，思维渐渐明晰，智力也会拉出较大涨幅。

12

人这一生，是从无数错误中走过的。

孔夫子说，有智慧的人，不会让自己两次犯同一个错误。

不贰过。

总是犯同一个错误的人，多半是陷入情绪化之中。但情绪的宣泄，多半是顽固的守护认知中的错误。错误这东西又不是什么好玩意儿，为什么要搭进自己宝贵的人生守护它呢？做个追求智慧的人吧，当我们从固执的冥顽中走出，一颗心就会因此打开，无尽的快乐与阳光涌入。古先哲称这种认知状态为明心见性，就是回到自己的心，回到真正的自己。这时候的我们，才会迎来柳暗花明，才会赢得未来人生与幸福。

格局太小，就别谈善良和真诚

01

我的朋友老高，一心想谋个主管职位。曾鼓足勇气，向老板推荐自己。

但老板说："你能力没问题——差的只是格局！"

呃……格局是什么？

02

有天，老高和主管做个项目，各自需要 1000 元的现金。一道去找提款机。

到了银行，发现有五台提款机，坏了三台，还有一台在维修。

剩下的一台，排着长长的队。

两人直接到柜台。

老高在前，说："取 1000 块钱。"

柜员："不好意思，低于 2 万的存取款，请去提款机。"

老高脑子飞快地转动："那我取 2 万……"

柜员给他取了 2 万。

老高："我再存 19000 元。"

柜员："不好意思，低于 2 万的存取款，柜台不办理。你要存的只有 19000 元，所以必须机器操作。"

这事弄的……老高无奈，悻悻去排队。眼看着主管走到柜台前，也像他一样取了一笔钱，留下 1000 元，剩下的又存回去。柜员苦着脸，竟然给办理了。

老高火了："凭啥他取钱出来，还能再存回去，我就不行？"

主管抬手止住他，说："我是取了 21000 元，留下 1000 元，再把 20000 元存回去的。按银行规定，我存取都超过 2 万，可以在柜台上办理。"

"不是……你这……"老高突然醒过神来——

好像这就是格局。

03

格局，这个词我们说到腻听到烦。

……可到底什么是格局？

格，是你思维认知的边界。

局，是你认知范畴之内的策略。

比如取钱这桩小事儿，银行规定低于 2 万元不可以在柜台办理。

这 2 万元，就是格。就是边界。

于是老高果断取出 2 万，留下自己真正想取的 1000 元，想再把 19000 元存回去，却惊讶地发现，19000 元低于银行规定的 2 万元，所以老高还得再去提款机排队。就是因为他的格太窄，局不明。

而他的主管，是明晰认知到此事的本质——不在于取出钱的数目要超过 2 万元，而在于你再存回去的数目，不可以低于 2 万。

所以，主管取款 21000 元，留下 1000 元，再把 2 万存回去，这个数目完全在柜台服务范围以内。

这就是格局——

格局，就是你的认知，必须远高于你所面对的问题。

04

格局小的人，在大格局面前，几如透明人。

——因为你的认知范畴太过于狭隘。纵然是苦心孤诣，终不过是在狭小的圈子里滴溜溜打转。你以为智珠在握，实则那点歪心思全被人家看在眼里。

知乎大 V 王福瑞先生，看过《铁齿铜牙纪晓岚》后在网上分享纪晓岚与和珅的斗智。

故事开始，纪晓岚手贱，把小格格的风筝给放飞了。

格格哭闹不依："还我风筝，还我风筝。"

皇帝无奈，只好传旨：

"奉天承运，皇帝诏曰：命手贱的纪晓岚，三日内找回他给弄飞的风筝，钦此，谢恩。"

纪晓岚懵了："……北京城那么大，去哪里找一只风筝？"

万万没想到，这只风筝飞到了和大人和珅手下小兄弟吴铭的家里。

吴铭捡到风筝，急忙给和珅送来："和大人和大人，咱们把风筝藏起来，让纪晓岚找不到，让皇帝治他的罪。"

和珅大怒："吴铭大胆，竟然想让皇帝治纪晓岚的罪？"

吴铭："……那依和大人之意？"

和珅："仅让皇帝治纪晓岚的罪，是不够的。必须再挖个更深的坑，让陛下治纪晓岚的死罪！"

吴铭："……和大人，还是你狠。"

05

和珅就把风筝画了张图，拿着去找纪晓岚："老纪呀，这么大的北京城，上哪儿去找一只风筝？正好我这里有风筝的设计图，你照样糊一只就是了，反正皇上也认不出来。"

纪晓岚："这个主意好。谢谢和大人，还是你疼我。"

纪晓岚果然上套，照设计图糊了只风筝，给皇帝送去了。

陛下龙颜大悦："纪爱卿，你办事牢靠贴谱，朕心甚慰。"

和珅一使眼色，吴铭在一边跳出："启奏陛下，纪晓岚他犯了欺君之罪，自己糊了只假风筝欺瞒陛下，臣实在看不下去了。"

皇帝："……吴铭，你咋知道这只风筝是纪晓岚自己糊的呢？"

吴铭："因为真的风筝，在臣的手里，不信陛下你看。"

皇帝看到吴铭手中的真风筝，顿时大怒："纪晓岚，你欺君罔上，其心可诛，还有何话可说？"

这时候就见纪晓岚，不慌不忙说出一番话来。

06

纪晓岚说："陛下，那啥，你看看臣的风筝上面，有四个小字哦。"

皇帝瞪着老花眼，凑近一看，纪晓岚糊的风筝上面，真的有四个小字儿：抛砖引玉。

……这四个字儿是啥意思？

纪晓岚解释说："陛下，臣知道风筝是被人捡去藏起来了，不让皇帝找到，存心给陛下添堵。所以臣就糊了只假风筝，目的就是引诱藏匿风筝的人自己跳出来。陛下你瞧，吴铭他这不是跳出来了吗？"

皇帝一听，勃然大怒："吴铭，你个挨刀的。明明捡到了格格的风筝，却故意藏起来，你想干啥？你咋不上天呢？来人呀，把这个藏匿格格风筝的吴铭拖下去，大板子照他的屁股，给朕死命地拍……"

07

当和珅拿着风筝设计图登门时，纪晓岚立即意识到：和大人给他挖坑来了。

纪晓岚猜测，失踪的风筝八成就在和珅手中。所以故意诱他糊制假风筝，等到了皇帝面前，再把真风筝拿出来，自己的欺君之罪就坐实了。

——和珅的伎俩，是一个局。

——纪晓岚要做的，是跳出和珅的死局。

——所以他把自己糊制的风筝，做了个标记。

如果风筝送到皇帝面前，和珅没有发难，纪晓岚也乐得不吭声。这件事就算解决了——反之，当和珅唆使手下出面陷害纪晓岚时，纪晓岚就反过来，指给皇帝看自己糊制的风筝上面的标志，解释说自己这招是诱敌深入，让对方主动拿出真风筝，然后再引导皇帝，明识对方故意藏匿风筝，犯了欺君之罪的事实。

好多影片都有类似的桥段，恶人设局，好人破局——破局的前提是，好人的认知格局，须得大过恶人。

08

格局太小的人，不止是在坏人面前束手无策，就连自家的熊孩子，都能把你玩到飞起。

知乎有位父亲，网名叫"今年五岁"，讲述他被亲儿子下套的悲哀。

他的儿子 8 岁，过年收了好多压岁钱。

因此财大气粗，对亲爹颐指气使："去，给我打洗脚水。"

亲爹："自己的事儿，要自己做哦。"

熊儿子："给你 100 块。"

亲爹："……看在钱的分上，爹去给你打水。"

熊儿子洗了脚："给我擦干净，200 块。"

亲爹擦过脚。

熊儿子又吩咐："把袜子拿过来，50 块。"

……就这样，亲爹跑前忙后，从儿子那赚到四五千块钱。

快开学了，孩子妈妈过来："宝宝，把你压岁钱给妈妈，妈妈给你存到银行。"

熊孩子："都在我爸爸那里呢。"

亲爹："熊孩子，你居然还有坑人的后手……"

——这位父亲之所以落入儿子的圈套，就是因为他的格局太小。

——他以为儿子的压岁钱是以儿子的主权为边界。

——实际上，这笔钱的边界，在妈妈的营收账目上。

所以，此前的劳作与交易，统统被宣布无效。

09

如何突破现有格局，实现认知扩张呢？

第一，永远要记住，格局是用来打破的。破局破局，破的就是现在的格局。

第二，对问题的边界认知，就是格局极限。

第三，找到问题边界之外的关联要素，这是破局的关键。

第四，以问题边界之外的关联要素为中心，重新定局，这就是破局。

第五，重复第三、第四步，直到问题与解决方案在你眼里透明化。这就是认知的自我升级。

好人是没有伤害力的，不会给别人下套。

但好人，必须研习这五步，学会破局。

10

破局力，实际是一种建模思维。

就是遇到问题时，第一时间想象出最优模型，问题、陷阱与解决方案，是一体化的。我们所要做的，就是跳过陷阱，解决问题。

没有这个能力，我们的认知就会被憋在一个狭小的范围之内。如风箱里的老鼠，转来转去，不断遭受伤害，却找不到出路。

与人为善者，最是需要这种破局力。

因为你的善良、你的愿望，需要强大的认知格局来成全。如果认知不足、格局太小，善良不过是懦弱，真诚无异于窝囊。

没有自我保护能力的好人，如裸露于狼群中的鲜肉，是极危险的。

所以，别懦弱，别窝囊。

我们看电影、看电视、读书或是交友，无非是掌握破局的能力，一步步地打开格局，实现自我扩张。强大是善良者的天职。强大是能力，善良是德品，须得德才兼备，我们才不会辜负生命的馈赠与厚爱，才不枉我们世间行过这一遭。

警惕那个诱惑你放弃自由的人

01

人生最重要的，是常识。

常识是众所周知、无需证明的道理。

比如说，自由和独立是人生中最重要的东西，这就是常识。

如果人的行为背离了常识，就需要我们警觉了。

02

美国明尼苏达州，有个姑娘叫宝莉莲，职业空姐，单亲妈妈。

辛苦操劳，把孩子带大了。

宝莉莲就想："嗯，接下来该考虑自己的人生了，最好找个灵魂伴侣，
与他手牵手走过黄昏，多好！"

宝莉莲登录了婚恋网站，查阅注册男人资料。一条信息吸引了她的注意。

一个年龄和她差不多的男子，名叫瑞奇·彼德森，职业海军军官，是

曾远征过阿富汗的老兵，正在明尼苏达大学攻读政治学博士学位。

条件不赖。

再看彼德森的照片："哇，美男子啊。"

宝莉莲动心了。

03

先和英俊的彼德森先生在网上聊天。

对方谈吐风趣、妙语连珠，他说的每句话，都恰到好处地撩拨到她的心弦。

再约见面，当看到彼德森时，宝莉莲惊呆了。

彼德森，他本人竟然比照片更英俊，更高大。

虽然身材高大，但性格却笨拙羞涩，见到宝莉莲脸就红了。原来他是个专注于工作的事业男，已经有八年没谈过恋爱了。

老男孩风趣、幽默、有品位、讲格调，说起时尚头头是道。他是那种近乎完美的男人，成熟又不失天真，对生活充满了热爱。

而且他喜欢运动，两人相恋之后，他经常带着宝莉莲和她的孩子去海边玩水。

他还很体贴。

为了与他约会，宝莉莲耽误了航班，结果被航空公司给解职了。

彼德森知道后，安慰宝莉莲说："不要担心。我会照顾你，保护你的。我是男人。男人就该顶天立地！我养你！"

当彼德森说出最后一句话时，宝莉莲心中却突然间拉响了警报。

04

宝莉莲是个独立女性。

崇尚自立、自由！

绝不依赖他人。

——依赖他人，就意味着生存能力的丧失，意味着面临人生危险。

所以，当善良有爱、英俊风趣的彼德森向姑娘保证她不需要为生存而承受压力时，宝莉莲心里突然警觉起来。

好像哪里不对。

彼德森这样说，明显是自己这段时间对他的依赖太重。

失去了自立能力。

也因此失去了判断力。

再仔细观察彼德森，突然间发现这家伙好像有点不对劲。

他的表现实在是太完美，完美到了违背常理。他对她的每个要求都步步退让，从不鼓励她的独立意识，好像不希望看到她太过于独立。

正因此，她的生活重心才发生了转移，失去了工作，不得不依赖彼德森。

宝莉莲相信爱情。

但绝不相信，违背常识常理的爱情。

05

人是目的性极强的生物。

纵然是养头猪，也是为了杀掉吃肉。

如果彼德森年轻懵懂，在陷入爱情时说些海誓山盟的话，也是常见的事情。

但他如此成熟、睿智，又有着丰富的人生经验与见识。

如果他现在说的是真的，那么就意味着他是个性格不稳定、极端冲动的人。

极端幼稚而说昏妄之话的人，和成熟睿智的形象放在一起，明显不搭配。

可他确实是个成熟睿智的人，为什么会说违背常识常理的话呢？

宝莉莲心生困惑，找了个机会，上网搜索彼德森的信息。

搜到的结果，让她大吃一惊。

06

网络上，彼德森的照片下，却是一个叫德里克·麦兰·阿兰德的人。

而这个德里克，涉及多起婚姻诈骗事件。

我以为你是暖男，却原来是个骗子。

他的资料全是假的，什么海军职业军官、阿富汗老兵，什么正在大学读政治学博士，全都是编造出来用来骗人的。

他通过网络认识了女人之后，就步步设套，让对方对他产生依赖之心。再甜言蜜语说我养你，一旦女人听信了这种违背常识的话，就会彻底放弃思考与独立。

然后呢，彼德森再偷走对方所有的钱，消失得无影无踪，再去物色新的猎物。

被彼德森骗过、陷入绝境的女人，不止一个两个。

宝莉莲深深地吸了口气：好险呀。

——警惕那个花言巧语，让你放弃自立能力的人。

——否则你的人生就会沦为一场悲剧。

人生要靠自己成全

07

最近有个姑娘，发微信哭诉自己的遭遇。

她的丈夫，是北大博士后，一家研究院的院长。四年前的 5 月 19 日，他们在北京领取了结婚证，选这个日子，寓意是"我要久"。

够浪漫。

婚后的生活，丈夫负责赚钱养家，妻子负责貌美如花。

但妻子也不是什么事都不干，因为丈夫家境贫寒，妻子借了 10 万元，替公公婆婆买房，产权证上写的是男方父母的名字。

婚后两年，孩子出生。

这时丈夫与妻子商量："你的户口在外地，我的户口是北京集体户，集体户口没法给孩子落户口，只能随母亲落户在外地，你肯定不希望这样吧？"

妻子："当然不希望，可是怎么办呢？"

丈夫："只能是……假离婚。孩子归我，户口就能落在北京了。"

妻子立即答应了。

双方去办理离婚手续，协议上写的是孩子归男方，女方净身出户。

妻子大笔一挥，签了字。

然后丈夫……不，应该是前夫，又同她商量："为避免事情复杂化，假离婚的事儿，最好不要告诉任何人，尤其是别告诉你的父母。"

"没问题！"女人爽快回答。

等到孩子的户口终于落下，她问男人复婚的事儿。

"复婚？"男人极是诧异，"有没有搞错，人家早就结婚了。人家老婆都已经怀孕 3 个月了。"

"什么？"

女方当时就崩溃了。

我以为丈夫是真的，其实是假的。

我以为离婚是假的，其实是真的。

08

为什么美国姑娘宝莉莲，能够逃出骗子彼德森的黑手呢？

她依赖自己，她自立。

——因而拥有明晰的判断力。

她的思维模式是这样子的：

安全——必须靠自己，这是常识——如果有人劝你放弃自立与自由，全力依赖于他，那就意味着对方在违背常识——总有人要为背离常识付出代价——人是自我的，有着厌恶损失的天性。憎恶付出，希望获得——所以对方不会支付违约成本——最终，为背离常识而支付代价的，必然是你。

这个思维逻辑，线条清晰而明确。

所以她保护了自己。

09

第二个故事中的姑娘——设若她说的都是真的——为什么会有如此遭遇？

父母花了不少于20年的时间，告诉她一个简单的常识：

你的安全，来自自身的强大。

——一旦你放弃自立，就会生出依赖心、丧失判断力。

正因为对人生责任的逃避与推诿，使她幻想世间会有一个心甘情愿替她违背常识而承担代价的人。

——但常识是，你自己都不愿意担负的责任，别人怎么会愿意？

命运，不过是一个人选择的结果。

10

警惕那个说"我养你"的人。

你不是婴孩，不需要别人来养。

纵然是亲生的骨血孩子，父母也只是养到成年，就一脚踹出门。

怎么可能会有人来养一个成年的婴儿？

动辄说出"我养你"的人，不是高估了自己的人性，就是低估了你的智商。

相信这句话的人，或是智商不靠谱，或是内心有所图。

自立，自强，自己养自己，这是常识。

放弃自立与自尊，如婴孩那样等别人喂养，这是背离常识。

总有人要为背离常识付出代价。

——而且一定是那个主动放弃自尊与自由的人。

有些人，喜欢听对方说"我养你"。那是因为她们感受到了生活的艰难，想要逃避。凭什么生活于你就艰难，于别人就容易？当你放弃自尊自由，就意味着命悬人手，就意味着让你自己成为他人生活中的一个巨大负担。

爱，或婚姻，或家庭，从某种角度来说是一种经济合作模式，常识决定了让对方一个人承担两个人生存责任的欲求，根本不可能被满足。

如果有人背离常识对你做出这种承诺，那么他一定是有所求的。如美国姑娘宝莉莲遇到的骗子打短线，只要她的信用卡；而第二个故事中的姑娘遇到的骗子则是打长线，要她在更多的付出之后，再行索回所有的成本。

爱的经济本质是交易，最值钱的永远是自由不羁的心，是自立的意识，是自我承担人生责任的尊严，是对人性光明面的拥抱与信任，是对人性阴暗面的警觉与洞察，是对常识的信守，是对高质量生命的热爱。一旦放弃这些，就意味着失去一切。

人生要靠自己成全

怎样做才能不顾而全大局

01

我有个朋友，上周跟老板去见客户。

途中，老板让他找家文印店复印一下资料。

快到文印店门口，迎面来了个快乐的乞丐，冲他晃动着一只脏脏的缸子。

他身上恰好有个 1 毛的硬币，就掏出来，扔到乞丐的缸子里。

万万没想到，乞丐一看那 1 毛钱，顿时满脸鄙视，把钱扔掉，还骂了他一句很难听的脏话。

他很生气，就说："人家好心好意给你钱，再少也是个善意，你怎么可以当面扔掉，还骂人家呢？"

遇事讲道理，才叫高素质。

可是乞丐不听他的道理，只是一味辱骂他。

他与乞丐激烈地争辩起来，正吵得激情四射，老板找来了，见面就骂了他一顿，说他蠢萌无极限，不理性、不顾大局。

他很委屈，自己也是妈生爹养娇惯长大，凭什么要受污辱？

明明受了委屈，老板凭什么还指责他不顾大局？

大局是什么？

凭什么非要顾它？

02

人生成长，是有阶段的。

婴幼童年期、少年青年期，再到成熟期。

这是生理年龄。

认知成长也分阶段，对于大局的认知，由低而高，渐渐成熟起来。

03

有个孩子，渴望去公园玩。

数次苦求爹妈。父母答应了，说到了星期日·定要带他去。

可到了那一天，忽然间孩子的姥爷病了，爸爸妈妈立即放下所有事儿，一起赶往医院。

去公园的事儿，不提了。

孩子大为震惊："明明说过的带我去公园，怎么可以不去呢？"

他号啕大哭，死抱住父亲的腿不撒手，一定要去公园。

爸爸妈妈毫不客气地把他揪起来，噼里啪啦一顿混合双打。

他躺在地上，哭得死去活来。

委屈，太委屈了。明明是爸爸妈妈说话不算数，反而暴打他，太不讲道理了！

好多年后，这孩子自己也做了父母，反思说："孩子的心太小，只能放进一件事。只知道爸爸妈妈答应了自己去公园，只知道爸爸妈妈不遵守诺言。打孩子是不对的，但当年的自己也实在是蠢萌，不知道姥爷患病的事儿，是远远大于自己去公园玩乐的。"

这是人生成长的第一阶段：不知大局。

04

不知大局，自然难以顾全。

等知道这些，就努力克制自己。

避免让自己的冲动耽误了大局。

心理学家毕淑敏讲过一件事，有个姑娘，活泼伶俐、青春漂亮。可是有段时间没见面，再见到时毕淑敏大吃一惊，极短时间内，姑娘变得脸色蜡黄、憔悴不堪，仿佛突然间老了八十岁。

毕淑敏惊讶地问她："你怎么成了这模样？"

姑娘哭诉说，她的老公脾气暴躁，不体贴她。在家里吃饭时，嫌她炒菜太慢破口大骂。去外边的餐馆，又嫌她点菜太慢骂她。总之，丈夫每天都要羞辱她几次，或是嫌她穿扮太土，或是嫌她打扮花费时间，让她受尽了委屈。

毕淑敏问她："你为什么不和他讲道理？"

姑娘回答："毕老师，你不是经常告诉我们，人要有肚量、要顾全大局、要忍辱负重、要委曲求全的吗？我照你教导的去做，有什么不对？"

"不是，你……"毕淑敏摇头叹息，"姑娘啊，你误解了忍辱负重，误解了委曲求全。"

——忍辱负重、委曲求全的意思，是说你在人生事业的路上，总难免遇到冷嘲热讽。理这些人你就上当了，走自己的路，让别人去说吧！

不是在暴力面前忍气吞声。

这是人生成长的第二个阶段：不明大局。

05

人生成长的第三个阶段，顾不全大局。

网络上有位老兄诉说他的艰难。他是公司骨干，极得老板赏识。老板有心对他委以重任，给他一片成熟市场，让他挑头来干。

可他同时又是位顾家的暖男，妻子对他非常依恋，上班时一会儿一个电话，下班后稍晚一点儿回家，妻子就焦虑不堪。

他很清楚，如果接受了新职务，就不可能维持现状。一边是事业，一边是家庭。孰轻孰重？他好生为难。

其实，他面临的困境是自己造成的。

他不该故意培养妻子对他的过分依赖，而应该鼓励妻子的独立意识。失去独立能力的妻子并不会因此而感激他，相反，会要求他更多的时间、精力陪伴。纵然他放弃现在这个机会，也会面临着日后的情感危机。

人走到这步，就会变得果决起来。

进入人生成熟阶段。

06

人生的第四个阶段，是不顾全大局。

每个人心里的大局，是完全不同的。

所有的大局，都是以自我利益为主体，对盘局进行解读。

只有当你真正明白了什么叫大局，才会不再理会那些貌似大局而非大局的东西。

在前面的故事里，答应过和孩子一起公园的父母，在面临老人病重住院的情况下，立即选择了去医院，孩子哭闹不依也不加理会，这就是不顾全大局。因为这个大局，你根本顾不全。

07

人生的第五个阶段：不顾而全大局。

什么叫不顾而全大局呢？

就是抓住生活工作的根本，彻底化解未来的不测。

以前有本书，里面的一个移民美国的工程师在一家汽车制造厂工作。

工作又忙又累，回家时已经累到半死，根本没时间教育孩子。所以孩子就早早地开始叛逆，跟当地一伙小流氓混在了一起。再发展下去，这孩子会把人生所有的错误统统犯遍，直到彻底毁了自己为止。

怎么办呢？

工程师动起脑子。于是有一天，他趁儿子又在家里叛逆，扬言不再读书时，他假装漫不经心地一拍儿子的肩膀："嗨，兄弟，我们公司有个好工作，不需要读书的，赚钱老多了，有没有兴趣？"

"……兄弟？"儿子特喜欢父亲对他的新称呼，"要的要的，明天一定带我去。"

次日，工程师把顽劣儿子带到工厂，交给了最狠辣的工头，安排在生产线上不停地拧螺丝，动作稍慢就会被工头吼骂，甚至威胁要揍他。

儿子被工头压迫着，干了整整一天，回家已全无人样。

次日，儿子早早背着书包去了学校。

再后来，这儿子成为斯坦顿大学的心理学讲师。他在课堂上跟同学们讲这个事儿时说："体力劳动是最应该受到尊重的，但请相信我好了，你如果连脑力劳动都干不来，更干不了高难度的体力劳动。早在我父亲当年把我带到工厂的那天，我就明白了这个深刻的道理。"

这个工程师的做法，就是典型的不顾而全大局。

——只有尊重别人独立思考的权利，你才能真正顾全大局。

08

总结前文，人生的五个时态，不过是算法：

第一阶段自然算法，本能情绪冲动，不知大局。

第二阶段物理算法，直线思维，不明大局。

第三阶段社会算法，矛盾博弈，取舍两难，顾不全大局。

第四阶段生态算法，抓主要矛盾，不顾全大局。

第五阶段智慧算法，不算而算，不顾而全大局。

再来看文章开头的故事，去复印的老兄，半路上撂下正事不顾，跟个乞丐吵架。就知他正处于人生的初始阶段——不知大局。不知道自己是有正事的，完全听任情绪所左右。

09

村上春树说：要做一个不动声色的大人了，不准情绪化，不准偷偷想念，不准回头看。去过自己另外的生活。你要听话，不是所有的鱼都生活在同一片海里。

孩子是情绪化的，逃避成长的人才会偷偷想念，才会回头看。他们总想停留在孩童时期，继续让父母背着他们走。可是他们忘了，孩子的岁月静好，那是父母在负重前行。你越是长大，父母越是吃力。到得你体壮如牛，就该从父母的后背上下来，自己行走了。可如果执意不肯，甚至哭闹打滚，抵死不依，那绝对是件坑人的事儿。

不是所有的鱼，都生活在同一片海里。你工作生活中遇到的绝大多数人，都只不过是浮光掠影的人生过客。擦肩而过的人为你带来的情绪波动，关系不到你的人生大局。你必须足够地努力，才能把握住人生主旨，才能辨认出那些终将与你长久相伴的人。

所谓努力，就是主动而有目的的活动。失去主动的人生没有目标、没有方向，困于浅陋的认知中难以挣脱，终至承认自己的平庸。平庸的人眼睛望着地面，看不到全局，或不知大局，或不明大局，时常枉费劳苦，或是事与愿违。所以村上春树说：平庸这东西犹如白衬衣上的污痕，一旦染上便永远洗不掉，无可挽回。

人生大局只有一个——成长。成就事业，懂自爱而后人爱你，先自尊而赢得人生尊严。这意味着心境的澄明，认知的明晰，能力的强大，责任的履行。只有举重若轻，游刃有余，万物不萦于怀，才会领略人生的美丽风景。

总之，岁月漫长，值得期待。

智慧，就是事先同意结局

01

2009 年，霍金决定开个 party，邀请一些你绝对想不到的人——
邀请那些从未来穿越到 2009 年的人。

假如你是伟大的霍金，这个晚会的邀请函，该如何发出？

02

邀请时间旅行者的方法，涉及的是人生算法。

人类之所以能够战胜其他物种，占据地球食物量顶端，不是人类特别
能吃，而是我们比其他物种的算法更精进。

03

每个人都拥有自己的算法。

不同的算法，决定了我们的社会位置。

——如果你过得不爽，铁定是算法太低端，该升级了。

04

算法第一层，叫自然算法。

自然算法，也是最普遍、最常见的。

——有人骂人，有人吵架，有人热衷于争辩，这就叫自然算法。

之所以辱骂、争吵或是争辩，那是因为神经受到刺激了。感觉到自己未受尊重，或是讨厌的人又在说些讨厌的话。如果听之任之，恶劣的环境就会加剧，自己所承受的压力就会越来越大，于是在第一时间采取自我保护。辱骂是最鲜明的终止信号，而争吵或争论，则是在为自我争夺足够的控制空间。

这种算法，是被动的、防御性的、应激的——受到外部刺激，就触发了条件反射。

自然算法不过是种本能反应。诸如自然界的野生动物在遇到天敌时，也会撒开四腿狂奔逃逸，这也是自然算法。

连野生动物都掌握的算法，显然算不上高级。

05

算法的第二层，叫物理算法。

物理，弄明白事物之间的道理，这就很科学了。

科学这东西，细说起来也挺坑人的。前段时间，有家电视台搞了个科普节目。其中有一期的主角是一个失恋的姑娘。

姑娘失恋后情绪低落，消沉萎靡。每天茶不思饭不想，躺在床上以泪洗面。

她想通过绝食饿死自己。

姑娘饿了好多天，恐怖的事情发生了——她没有饿死，反而白白胖胖，红光满面。

这个姑娘不是人，是九天仙女下凡尘。乡人吓坏了，节目组带着大批专家队伍赶到。各种先进仪器摆出，开始了严肃认真的科学研究。

研究结果发现，姑娘绝食不死，越饿越壮，那是因为——她趁家人不在时，跑出来偷吃。

还吃得巨多。

这个研究结论颇具坑人效果——但这就是我们要说的物理算法。

人不吃饭，必然会饿死。

这丫头没饿死，那铁定偷吃了。

简单，干脆，直接。

物理算法的直线法则固然简单，但人类社会有许多事儿，好像不是那么直接。

这就让物理算法尴尬了。

必须升级。

06

算法第三层，叫社会算法。

社会算法与物理算法完全不同。

物理算法是确定的，而社会算法完全不确定。

比如说，民国年间，东北王张作霖崛起于草莽之中，是个粗线条的人物。

张作霖治军，简单到了不可思议的地步。

有人投效，他会这样问："你能带多少兵？"

对方一般回答："回大帅，俺能带一个师。"

于是张作霖哐的一声，掷出一大箱子钱："这是一个师的军费，你，去给我把一个师带回来。"

对方扛起钱："大帅，你等好吧……"出门没多久，果然带着一个师的队伍回来了。

于是张作霖的手下越来越多，被誉为"东北王"。

当时盘踞在山东的军阀张宗昌，看了张作霖的做法，非常羡慕。

这么好的办法，咱也要学呀。

于是张宗昌也学张作霖，有人投效就问："你能带多少兵？"

对方回答："大帅，咱能力差，马马虎虎一个师吧。"

张宗昌立即掷出一箱子钱："这是一个师的经费，给我把人马带回来。"

"好嘞！"对方扛钱出了门，就没消息了。

带钱跑了！

张作霖那么好的法子，到张宗昌这就不管用了。

为什么呢？

——社会算法，算的是群体的社会心理，算的是个体的人心、人性。不在这两方面下点儿功夫，单靠照猫画虎、邯郸学步，是算不出个名堂来的。

07

社会算法玩得好，最多也不过有点儿管理能力。

一个人要想干出点儿事业来，还需要更强大的经营能力。

——管理能力，可以借平台得以发挥。

——经营能力，则是搭建平台的本事。

千里马常有，而伯乐不常有。有管理能力的人很多，但具有搭建平台给管理人才发挥能力的人，则比较稀缺。

而要想获得搭建平台的经营能力，算法必须升级。

08

算法第四层，生态算法。

生态算法，属于系统思维。就是把社会组织当作一个有机体来看待。

比如说中国历史上，明朝灭亡后，清军入关。但实际上清军的人数极少极少，不足明军的十分之一。但清军轻易就稳住了局面，掌控了权力。

之所以如此，是因为当时控局的孝庄太后，精擅生态算法。

孝庄太后入关，头桩事就是拉拢前明最有影响力、最有能力的官员。

但这类官员，讲究气节，忠于大明，不会跟她干。

假如这个有能力的人是你。孝庄太后会把你找来，但不说让你加盟入伙的事儿，只是再叫一个你憎恨的人，听对方夸夸其谈，说的全是你无法忍受的胡言乱语。你听着听着，就会炸了，冲上来与之争论。

这一争，你就入套了。

于是孝庄太后举重若轻，把那些最有能力的人控制在手。

这就是生态算法：

允许你有私心，允许你有二心，允许你有反心——但是，你出于自己本性所做的一切，最终我才是受益者。

09

曹雪芹说：机关算尽太聪明，反算了卿卿性命。

掌握了生态算法，只是人生修为的中间阶段。停留在这里，是极危险的。

所以大家还要精练算法：

算法第五层：智慧算法。

什么叫智慧算法？

鲁迅先生曾讲个算法极低端的阿Q，他发情时，就会扑到吴妈面前，大喊一声："我要和你困觉！"

阿Q的算法，属于自然算法，太低端。

所以吴妈非但没让他睡，反而报警把阿Q打到半死。

——有些年轻人，托教育的福识得几个字，当他们遇到心仪的姑娘时，心里就会呐喊："我要和你上床……"这个算法也太差了，说出来，铁定会被姑娘打残。

那么高阶的算法，该怎么说呢？

——文艺青年徐志摩，见到漂亮的姑娘，他会这么说："我想和你一起起床！"

听听，这就叫智慧算法。

10

总结一下人生五种算法：

自然算法：本能思维。因为认知不足，有可能拼争一生，难以摆脱社会底层的命运。

物理算法：直线思维。管理能力不足，最多做个小主管，郁郁寡欢。

社会算法：人性思维。平台可以成就你，但你无法成就平台。

生态算法：系统思维。这是社会上最聪明的一群人，也是最脆弱的。

智慧算法：自由认知思维。

当我们读到徐志摩那句"我想和你一起起床"时，就应该知道什么叫智慧了。

——智慧，就是事先洞悉结局，而后倒推回来。

11

回到本文的开头。

当霍金先生决定举办 party，邀请来自未来的时间旅行者时，该如何发出邀请呢？

——应用智慧算法，先知结果，再倒推回来。

霍金先生，不需要发出邀请，只需要在心里决定好了 party 的时间，比如下午 3 点开始，5 点结束。那么，到了下午 3 点钟，霍金就戴上餐巾入座。等到 party 结束的 5 点，再开始写邀请函。

——如果真的有时间旅行者，那么，他如果读过霍金的书，就会知道在这一天的确定时间里有个等待着他的 party 的人。

猜一猜，霍金先生的时间旅行 party，有没有客人来？

12

人，不是智慧生物。

——而是智慧的属性。

阳明先生说：吾性自足。

古希腊的柏拉图则说：智慧在你心里。

东西方的先哲，在告诉我们同一件事：应用智慧算法让自己的人生幸福而简单，是一个人的基本能力。

如果我们算法不足，那不是我们笨，而是自己不够努力。

掌握高层次的算法，只需要我们做一件事——对自我的智力运用，不满意！

不满意，就努力。

既然我们生具强大的潜力，就不应该浪费自己的生命资源。我们的思维算法决定了现在的成就，而衡量我们的算法是否有效，是算法的目标。

如果我们算法的目标，是别人而非自己，那我们的算法就不够高级，不能满足我们本质的需求。最好的算法，一定是指向自我内心，一定是让自己心中的智慧之火如火山一样激喷出来。学生时代，我们和别人比成绩，但走出校门，人生的对手就只剩下了自己。我们必须战胜内心中的懦弱、恐惧与无力，必须认识到自我的生命价值至高无上。唯此，我们才会努力提升，用优雅精美的算法，开创未来美好人生。

为什么道理明白得太多，人就傻掉了

村子的不远处，有一座庙，据说极灵验。

有一年，村子里来了贼，许多村民家里被偷。

村民没有报警，而是结伴来到庙里，跪求寺僧："大师呀，请帮我们算算，是谁偷走了我们的东西？"

僧人听了，回答道："阿弥陀佛，如果小僧有这本事，我们庙里的功德箱早就找回来了，还用得着报警？"

呃……原来庙里的功德箱，也被偷走了。

——人和人其实没多大差别。你弄不明白的事儿，别人也拎不清。你难的时候，总觉得别人容易，其实各有各的难处，所以求人不如求己。

有个小区的宽带机房，在地下室里。

地方偏僻，连手机信号都没有，平时很少有人进去。

有一天，负责宽带维修的工程师进了地下室的机房，不知怎么搞的，把自己反锁在机房里，出不来了。

他拍门，喊叫，呼救："有人没有？开开门，求求哪位大哥打开门，放我出去……"可地下室根本没人去，嗓子喊到哑，也没人听到。

终于，他灵机一动，想出来个好办法：

这厮把能拔掉的用户家网线全都给拔了。

用户纷纷打电话报修。不长时间，另外一名工程师匆匆来到地下室维修宽带，于是被关在里边的工程师，成功脱困了。

——人和人的差别太大了。难死你的问题，对于别人而言，只是举手之劳。与其死撑硬挺，不如及时向别人求助。

03

鸡汤喝多了，人就有点儿神经。

道理明白的太多，人就傻掉了。

因为道理与道理之间，是犯冲的。

比如第一个故事告诉我们，求人不如求己。然后第二个故事又说，求己不如求人。

那么当我们遇到事情时，到底是应该求己呢，还是应当求人？

04

孔夫子说：学而时习之，不亦乐乎。

——夫子这里的"习"字，不是复习，而是实践。这句话的意思是说：

懂得了道理，时常在实践中运用，真的好爽耶！

阳明先生也说：知行合一。

——道理不是用来说的，不是用来劝诫别人的，而是用来在现实中践行的。

但有些朋友，道理都懂得，说起来头头是道，可谈到人生实践，就有点儿害羞。

懂得好多道理，却过不好自己的一生。

做不到知行合一。

为什么呢？

——答案已经说了，因为道理犯冲，鸡汤相拧。前面刚说求人不如求己，后面又来个相反的求己不如求人。人嘴两张皮，咋说都有理。你说你咋个整？

05

世界是平衡的。

只要有个道理，就一定存在着相反的道理。

老子说：反者道之动。之所以道理成双成对出现，那是因为我们人生所面对的问题是动态的、变化的：

——大抵问题开始，80% 以上的决定权在你手中，这时候问题处于技巧阶段，称之为技巧式问题。

——随着事态的演进，80% 以上的决定权转移到别人手中。这时候问题处于博弈状态，称之为博弈式问题。

事件的两个不同时态，性质是相反的，解决方案也是相反的。

人生要靠自己成全

06

有个聪明的小伙邂逅了一位女神，顿时意乱情迷、魂牵梦萦。

他费尽心机，找到一位双方都认识的熟人，央求对方说合。熟人好说歹说，终于说动了女神，答应今天和他见上一面，看看双方有没有缘分。

兴奋的小伙准备出门拿下女神。可出门前，有件极烦恼的事儿。

他养了条用情专一的狗狗，他走到哪儿，狗狗跟到哪儿。但媒人事先提醒过了，相亲时万万不要带狗去，否则狗狗不停地汪汪，会分散大家的注意力，让女神注意不到他的优点。

于是小伙网购了一只狗笼子。

临出门相亲前，小伙拆开包装，取出狗笼子，准备把狗狗关起来。打开一看惊呆了："哎呀妈，这是啥笼子啊，怎么连个笼门都没有？"

差评，笼子没有门。

他把狗狗强推进笼子里，一扭头，狗狗又快乐地钻出来了。

怎么办呢？

忽然间小伙灵机一动，先把狗狗推进笼子里，再把笼子一转，让敞开的笼门紧贴墙壁。笼中狗狗顿时傻眼，出不来了。

小伙被自己的天才惊呆了："哇，我咋这么聪明呢？举重若轻，就化解了棘手的问题。如我这么聪明的小伙，女神肯定会哭着喊着爱上我的。"

小伙兴冲冲出门，去迎接女神的崇拜。

07

话说小伙到了相亲现场，就见朝思暮想的女神娉娉袅袅而来。

小伙急忙站起来，热情洋溢地和姑娘打招呼："嘿嘿，那啥，嘿嘿嘿……"心情太激动，话都不会说了。

万万没想到，高冷的女神用奇怪的眼神上上下下地打量着他，开口说话了："你既然没相中我，为什么不早说？还让我跑这一趟？"

"……没有呀，"小伙懵了，"人家没说不喜欢你呀。"

"乱讲！"姑娘生气道，"如果你喜欢我，为啥要长这么丑？"

"你这……不是……我丑……"小伙顿时崩溃，还没想出如何回答，人家姑娘已经生气地掉头，噔噔噔走了。

事后中间人埋怨小伙："怪你，都怪你。长得丑不是你的错，可跟仰慕的女神见面，你事先打扮一下会死吗？"

小伙委屈地哭了："不是，人家是准备梳妆打扮来着，可都怪那只狗笼子。谁能想到狗笼子竟然没有门？人家全部心思都放在解决笼子门上，把梳洗打扮这事给忘了。"

08

来看看小伙这一天的际遇。

起初，他专心致志对付一只没门的狗笼子，并机智地想出了把笼子口转向墙壁。这个问题，就是典型的技巧性问题。

解决技巧性问题，主动权在你自己手中。

所以这是个求人不如求己的问题。

——每个人都有超强的技巧思维，说到如何巧妙化解难题，再呆萌的人也会说上三天三夜不重样，能说出自己无数的优秀表现。

但接下来，小伙到了相亲现场，面对的是博弈式问题。

博弈式问题，主动权掌握在对方手中。

所以，这是一个求己不如求人的问题。

相亲的小伙，以及前面所讲的被关进地下室的工程师，所面对的都是博弈式问题，需要的是打动对方心理的能力，是娴熟地操控对方情绪的能力。

09

人类做事的规律，是先技巧，后博弈。

——仅有技巧式思维是不够的。你再聪明，再努力，最终你的劳动成果还需要获得别人认可，才能实现价值转化。

——仅有博弈式思维，更不成。你人际关系玩得再嗨，终非根本。所以孔子的学生有子说：君子务本，本立而道生。意思是说能让你的博弈思维立足的，是技巧能力。

——必须两手抓，两手都要硬！

——既要不停地锤炼自己的技巧能力，也要不断地训练自己的博弈能力。

人生比拼的是总和力。

长板决定我们在顺利时走出多远，短板则决定我们在不利态势下能否崛起。

只有总和力足够强，我们才能在顺利时飙升猛进，在逆势时不至于沉沦，及早拉出上升的小阳线。

10

每个人的能力，都是相差无几的。

很少有人认为自己的智力不够用，但很多人坚信自己的情商不足。

——实际上，多数人的情商也相差无几。

许多成就事业的人，情商并不高，甚至连智力都不是太靠谱。

虽然智商情商相差无几，但人与人之间仍不断地拉开距离。

智商与情商，不过是我们手中的牌而已——赢家之所以赢，未必是他们拿了一手好牌，多半是因为他们牌技高超。

只是因为，他们的道理用对了。

我们日常听闻的道理有三种：

——提升我们技巧力的道理、提升我们博弈力的道理，与提升我们总和力的道理。

现实的输家，不是智商低，也非情商不靠谱，甚至他们的总和力也丝毫不逊于赢家。只不过他们的牌技太差，该用技巧性道理时，他们端出了博弈性道理，无端对抗，引发冲突。又或是合该动用博弈性道理时，他们却端出技巧性道理，该争不争，该拼不拼，错失良机。事业无成的输家，不是不明道理，而是用错了道理。

人生如打牌，碰巧抓到一手好牌的机会并不太多。正常情形下，我们每个人手中的牌都差不多，四六没谱，十三不靠。想赢，难度颇高；想输，又不甘心。人生的牌技，除了淡定、沉静，相应的技巧，更多的是心理战术。常见的情形，不是你的运气多么好，而是你的竞技对手在你的总和力威慑之下，拱手将胜利相让。当你成为赢家之后就会知道，其实你对手的实力，丝毫也不逊于你。说到底，人生的总和力仍是技巧式的，只是覆盖面更宽纵深度更深，对人心、人性的操控力度更巧妙。而我们掌握的所有道理，都是为了达成这一点。

给予高成本能力的阿拉丁神灯

01

推荐一部动画片：《瑞克与莫蒂》。此片颇有开脑洞的效果，让你于惊讶中思考一些即使是成年人都在刻意回避的现实问题。

02

《瑞克与莫蒂》片中，有个配角叫杰瑞。

杰瑞，是个蠢萌无极限的角色，智商不比哈士奇更高。

但有一天，蠢萌的杰瑞得到一件宝物——阿拉丁神灯！

杰瑞得到神灯，用手一抹，就听嗖的一声，出现了一个神。

灯神现身，高叫道："蠢萌无极限的杰瑞啊，你有什么要求？尽管告诉本神，本神都可以满足你。"

"真的吗？"杰瑞好开心，"我想……我想……我想把我的高尔夫球技术，缩短两杆。"

灯神："呃……你能不能……呃，换个要求？"

杰瑞："为啥要换要求？"

灯神："因为你的要求……神仙办不到哦。"

03

杰瑞从神灯中召唤出神灵，要求让他的高尔夫球技缩短两杆。

可是神灵做不到。

因为，神灵无法改变你本身。

所以，神灵懵了半晌，最后想出个办法：自己当高尔夫球教练训练杰瑞，提升他的打球技能。

……可是杰瑞好笨，神灵训练了他半天，球技丝毫也没有长进。杰瑞着急，神灵上火，双方焦头烂额，陷入尴尬。

束手无策的神灵，突然间灵光一闪，想到一个解决问题的好法子：

——再抹一下神灯，叫出第二个神灵来帮忙。

04

灯神抹了一下灯，又叫出第二个神灵。

可第二个神灵也无法解决杰瑞自身的问题。

第二个灯神灵机一动，也抹了一下神灯，叫来第三个神灵。

第三个灯神还是无法解决杰瑞的问题。

第三个灯神又叫来第四个灯神。

第四个灯神又叫来第五个灯神……最后，黑压压的灯神不计其数，围着杰瑞破口大骂："……你这个笨蛋，给我们出的什么怪问题？叫来再多的灯神，也不可能增长你自己的能力！"

问题严重了。

解决不了问题的灯神们，尴尬、绝望又痛苦。

愤怒的灯神们就商量："既然咱们解决不了问题，那就干脆……解决掉提出问题的人！"

"杀呀，宰了这个难死神仙的蠢萌蛋蛋……"灯神们穷凶极恶，舞刀弄枪，要杀掉召唤他们来的杰瑞。

05

杰瑞在追杀中仓皇奔突。绝境中一咬牙一瞪眼，"砰砰砰砰……"居然突破自身能力极限，把自己的高尔夫球杆数目打到缩短了两杆。

"哇，"众灯神欢呼庆祝，"终于完成任务了，我们可以消失了……"噗噗噗，所有的灯神，一起消失，杰瑞也保住了自己性命。

06

科学在发展。

技术在进步。

可人类社会的痛苦如旧。

——因为我们的痛苦，是自身的能力低于所面对的人生问题所带来的。

——再发达的技术，再先进的文明，甚至是神力都无法增进你自身的能力。

07

心理学大师马斯洛说，人的需求有五个层次。

第一个层次是吃饱喝足，不要饿到。

第二个层次是安全感，不要被打被抢。

前两个需求，环境大于个人努力。

就是别人可以帮你把这两个问题解决。吃喝可以让爹妈喂你，安全感可以通过社会管理而获得。假如你如杰瑞一样，召唤出灯神，灯神同样可以帮助你解决这两个需求。

——但后三个需求，就麻烦了。

后三个需求：一是获得情感与归属感，就是别人爱你、喜欢你；二是获得尊重，别人重视你、不敢小瞧你；三是实现自我价值，让更多人的重视你，甚至依靠你生存。

后三个需求的特点是——你的个人努力大于环境。

08

人的能力，由两部分构成：

一部分是低成本能力，

另一部分是高成本能力。

什么叫低成本能力呢？

——就是个性化程度不足，智力含量过低，随时可以替代的能力。

比如说售票员，流水线操作工，可以规模化作业，甚至会被机器所取代的机械工种。这类工作供应市场庞大，上至九十九，下至刚会走，随便看两眼就能够上手。经济学上称这类产品为进步部门,简言之,你的劳动越不值钱,别人就越易于以低廉的价格购买。社会的进步、别人的快乐,是立足于你的"不值钱"之上的。

什么又叫高成本能力呢?

——就是个性化较强、智力含量较高、不易于被取代的能力。

诸如理发师、厨师、音乐家、大学教授等。就拿音乐家来说,你可以花高价听郎朗的钢琴独奏,但未必愿意花高价去听机器弹奏,哪怕机器弹奏得比郎朗更好,你也不屑一顾。这类产品的特点是需求市场越来越大,而供应市场停滞不前。所以,经济学又称这类行业为停滞行业,社会越发展,这类行当越昂贵。

09

低成本能力,又称为技术能力;高成本能力,又称为艺术能力。

工业技术好比是盏神灯,召唤而来的神灵可以无节制地满足人类对技术能力的需求。所以工业化产品价格越来越低廉,越来越容易满足。

但工业技术这盏神灯,无法满足人类的第二能力需求。

比如《瑞克与莫蒂》片中的杰瑞,他渴望的是从成长中获得快感,这种成长意味着能力的提升,意味着自我的优化。如果他不能突破自我,召唤来再多的灯神也帮不了他。

未来于我们的挑战,就是第二类能力。

不可重复、不可复制、不能粘贴、不能拷贝,这就意味着稀缺,意味着高价值。

10

最昂贵的，莫过于我们自身的成长。

经济充裕时代的本质需求，就是要求别人爱我们、尊重我们、拿我们当宝宝。但如果我们能力停滞，智力落后于年龄与阅历，沦为巨婴族类，别人断无可能尊重我们，断无可能承认我们。所以《瑞克与莫蒂》中的杰瑞，渴望自己成为高尔夫球高手，说到底，就是想要享受别人的赞许与尊重——可是，这是属于他个人的成长能力，除了他自己，纵然是神灵下凡，也帮不了他。

高价值、无可替代的能力，始终是我们个人的成长能力。

只有我们自己，才能帮助自己。

11

人类的痛苦，与其挫折成正比。

人类的幸福，与其成就成正比。

比如说打高尔夫球，杆数越少，成绩就越好。标准 18 洞是 72 杆，一般业余选手，打出 80 多杆就很了不起了。打到 90 杆，勉强算及格。如果打出 100 多杆，那就没脸见人了。

所以《瑞克与莫蒂》中的杰瑞，他渴望自己打出的杆数少两杆。杆数越少，自己的成绩就越好，水平就越高，越有面子。

而这种面子所带来的荣耀感就是成就，能够带来快乐愉悦的心情。

相反，如果止步不前，就会带来强烈的挫折感，带来内心的极大痛苦。

——当一个人陷入痛苦，一定是他的能力未能随着年龄或阅历而增长，一定是他陷入停滞状态。

12

未来 30 年，我们的生活质量将持续恶化。

物质财富越来越不值钱。

而成长，将越来越昂贵。

现代社会，我们已不再缺衣少食。但情感与归属需求，赢得他人尊重的需求，以及实现自我价值的需求越来越强烈。

——物质匮乏时代，人们通过奋斗与努力不断获得成就感、获得情感与归属、获得他人的尊重、获得自我价值的实现。

——而在物质优裕时代，人们更趋向于求稳，趋向于追求平淡与普通。这会导致一些人成长停滞，出现巨婴心态。明明是心智成长落后于年龄，却仍然渴望着别人认可自己、尊重自己。这就如同一个差劲的高尔夫球手，72 杆的标准你给打出 800 多杆，却渴望别人热烈欢呼，注定的求之不得，带来的只有挫折与失落。

成长带来的内心愉悦，才是我们永恒追求的幸福。

成长停滞之人，灯神也帮不了你。

就从今天开始努力吧，成长，成长，持续不懈地成长。强化高性价比的能力，让自己不可取代。只有接受成长，内心深处的渴望与需求，才有可能获得满足。逃避成长之人，就会面对内心需求无法满足的巨痛，会让我们的心形成一个硕大的黑洞，始终无法填满，始终感受空空，始终处陷于愤懑与怨恨之中。渴望爱，渴望尊重，渴望自我价值的实现，却又没有勇气面对成长，我们就会如动画片《瑞克与莫蒂》中蠢萌的杰瑞，面对着无尽美丽的世界，却只能蜷缩于自己那卑微忧苦的心中。

第三章

你一努力，就暴露了你智商的不足

玩的能力，让我们的人生拉开差距

01

有个朋友留言说，他很受困扰——

孩子小，压力大，生存艰难。退休的父母想让他回家照顾。

其实，父母身强体壮，没病没灾，就是了无生趣。每天都要给他打几个电话，抱怨他自私，娶了媳妇忘了爹，只顾上班不管妈，不孝之子。

他要照顾孩子，只能建议父母旅游、读书、跳广场舞，甚至玩玩游戏也好。

但父母说：没劲。

那什么有劲呢？

父母说：你小时，无聊了就揍你一顿。你哭了，然后我们再慢慢哄你。这样的生活热热闹闹，充满烟火味，多好。

你回来，让爹妈接着打。

这……世界这么大，玩法这么多，父母却无聊到了打孩子消遣，果然极品。

02

无聊的人，真的好可怕。

公号剑圣喵大师说了件事。他有个学弟，是中学老师，敬业尽职。

有个家长，对孩子简单粗暴，导致孩子离家出走。

家长自己不管，反倒给孩子的老师打电话，让老师去找。

老师不辞辛苦，找遍角角落落，最后在网吧把孩子找到了。

老师给孩子买了吃的喝的，陪孩子打了局游戏，好言抚慰，然后送孩子回家。

——家长大怒，立即举报老师！

罪名：带他家孩子玩游戏。

校方对玩游戏零容忍，严厉处分老师。

可孩子的教育呢？

03

从匮乏时代走来，有些人不仅不会玩，甚至连认知都被贫困所压抑。

我有个长辈，下乡扶贫。

他到了扶贫点，访贫问苦，发现一件奇怪的事儿：

当地粮产极低，而蔬菜昂贵。可是当地人不种蔬菜，因为粮食都不够吃，哪有闲心种菜？

于是他就建议大家种菜。大家都用奇怪的眼神看着他，认为他不是个正经人。正经人哪有不种粮食，只种菜的？

但有几户农家听了他的话，改种蔬菜，当年收入飙高。

次年，更多的人家改种蔬菜。当地成为有名的菜乡，有了钱开始机械化，慢慢地脱贫了。

这时候我的长辈才发现，人会被自己的认知困住。只做认知中"有用"的事儿，"有用"之外，全是无用的事儿，是不正经。

有用的范畴越狭隘，认知就越贫困，越不懂变通。

04

饥饿时，只有食物才有价值，蔬菜都被视为不正经。

这个阶段的人甚至会认为读书无用，因为知识变现的周期太长，真的等不及。

吃饱后，人们开始追求质量、追求精美、追求品位。人的认知范畴，就开始扩张。

扩张到不再有心理的匮乏感，人们就开始追求文化娱乐、精神享受。

读书、休闲、娱乐、虚拟互动，开始从"无用"地带，进入到社会化大生产领域。

05

据统计局发布的公告，2018 年，中国恩格尔系数已降至 28.4%，达到发达国家标准，接近富足水平。

恩格尔系数，是计算食物支出占全部支出的比例。以此来衡量个人与国家的贫富状况。

如果一个人赚到 100 元，98 元用来购买食品，那么他的恩格尔系数就是 98%。他收入的 98% 用以活命，那么他就没钱发展自我。

如果一个人食物支出占比很低，比如说他赚到的钱，只有10%用来吃饭，那么他就有更多的钱享受人生。

恩格尔系数降至28.4%，意味着十几亿的中国人，从匮乏时代走出，转而关注自身的发展与幸福。

06

文化产品的需求，呈现井喷爆发之势头。

未来30年，文化产品不仅动态虚拟，而且呈互动态势。如果对虚拟互动文化及市场一无所知，就如始祖人生活在现代社会。生存难度，可想而知。

北京大学新开了一门课：电子游戏通论。这门课的目的，无疑是为未来的经济发展提供前瞻性人才。据授课老师陈江说，此课为选修课，上限定为120人，结果选课"爆掉了"，第一次上课，教室里就坐不下，换了大教室，还是坐不下。

这么多的人来听课，是因为年轻人知道时代发展的趋势。

春江水暖鸭先知，人不可与趋势为敌。

——但，并不是每个人，都能够洞悉未来的趋势。

07

时代的发展，是个"看不惯"的过程。

什么叫看不惯呢？

——人们对于自己出生时就已经存在的一切，或技术，或艺术，都认为是理所当然的存在，是世界的一部分。

——而对于新出现的文化产品及现象，处处看不惯。动不动就人心不古，世道崩坏。老一辈的人对影视深恶痛绝，认为影视不能吃也不能喝，海淫海盗，应当禁绝。半老半不老的一代人，对虚拟互动文化产品看不惯。极端的观点甚至认为应该封堵未来发展，禁绝虚拟互动时代的到来。

近日，多位两会代表委员提议，要求严控游戏。

有位政协委员的理由是：我朋友夫妻俩，分别是清华和北大的学霸，孩子居然考不上重点中学，就是因为玩游戏。

这个……学霸的儿子，就必然是学霸吗？

那农家的孩子，就只能一辈子种地？

著名翻译家文洁若曾说过一件事：1946 年时，清华大学校长梅贻琦最小的女儿梅祖芬，考清华落榜，补习了一年才考上。同年落榜的还有大哲学家冯友兰的女儿宗璞，以及大学问家梁启超的孙女儿梁再冰。

比学霸更有分量的哲学家、思想家、清华校长，他们的后人都不能重现上辈的风采，学霸的孩子不太学霸，岂不是正常之至？

跟游戏有个啥关系？

08

当科学家法拉第在伦敦展示世界上第一台发电机时，一位贵夫人不屑摇头："这东西有什么用？"

法拉第反问："夫人，刚出生的婴儿有什么用？"

——他那在贵妇人眼里没用的东西，为整个世界带来了光明。

09

技术至伟大之处，就在于把抽象的知识与思想具象化、可视化。

　　　　　人生要靠自己成全

早期，人类是结绳记事，而后发明出抽象的文字。造纸和印刷术的发展，让人类文明进入快车道。

影视文化的崛起，让人类第二次认知破局。那些抽象晦涩的文字符号，终于转化为活色生香的动态画面，让更多人认知、了解，加入到文明进程中来。

而现在，我们正面临着又一场认知大革命。

虚拟文化将彻底颠覆这个世界，颠覆所有人的认知与所有行业。想一想，不过是几年后，孩子们可以通过虚拟互动课堂，听孔子讲课，与老子对谈，与苏格拉底、柏拉图等所有的思想家交流，与徐霞客一起探险，与诸葛亮一起读书。而让政协委员与人大代表忧心忡忡的电子游戏，就是这个时代的前奏。

10

刚出生的婴儿，是没用的。

没有一项技术发明，甫一来到这个世界，就金光闪闪滴着有用的机油。

电子游戏的发展，如婴儿成长，也如此前一切价值文化产品，必将走过人性认知的全过程。

第一步是消磨排遣过程，是纯粹的娱乐。如家长们痴迷的纸牌麻将。

第二步是怡情与品味过程，玩乐成为精神寄托，渐成时尚生活方式。

第三步是进入教育领域，与古老的智慧相融并，并最终构成文化思想的本身。

第四步是构成新未来时代发展的基础。到了那个时代，认知再次遭遇挑战，人们会认为电子游戏才是有价值的，而新出现的技术与文化产品，是没用的。

这四个阶段，就是人类一切文化产品所走过的路，从消遣，到怡情；从授教，再到传道。而贯穿这四个过程的主线，始终是一个"玩"字。

是那些最会玩的人，推动世界发展。

11

玩的能力，让我们毕业后20年甚至30年的人生，拉开距离。

12

孙中山先生说，世界潮流，浩浩荡荡，顺之者昌，逆之者亡。

有人说读书无用，他就会丧失在知识发展领域的所有机会。

有人说电影没用、电视没用，他们就会失去在影视行业的发展机会。

那些说电子游戏没用的人，他们还停留于古旧时代。之所以恐惧，只是因为自己太弱，无力掌控。

幸好，知识界始终是理性的。据开设了电子游戏通论的陈江老师说，在北大中文系，还有位老师开办了电子游戏与文化课，而电子竞技的专业很多学校都有，比如上海交通大学有这样的班，讲游戏设计。

未来30年，你是时代的设计者，还是看什么都不顺眼的落伍者？

跟上这个时代吧！孩子迷恋网络，那是因为父母者没有给孩子足够的安全与理解。正如法拉第所说，刚刚出生的婴儿，不仅没用，还连拉带尿，哭嚎连天。你必须以极大的爱心，与时代同行，与孩子一起成长。所有人终究要度过这个艰难的时刻，人生一切皆是选择，往者不可谏，来者犹可追。我们要做的事情只有一件：不要闭锁心灵的认知，妄下定论，免得你无法拖住历史的脚步，反遭无情碾压。

"佛系"解决不了的，还得靠"暴力"

01

第一批 90 后已经开始养生，菊花加枸杞，暖手又清心。

第一批 90 后已经出家，水培莲花，床枕金刚经。

第一批 90 后很"佛系"，有也行，没有也行，不争不抢，不求输赢。

第一批 90 后到底做错了什么，明明还没开始，就在大家眼里"丧"成这样。

遇事不强求，凡事皆随缘，不是不可以，得看遇上什么事儿什么人。

很多"佛系"解决不了的问题，还得靠直接的"暴力"。

02

小白，正宗 90 后，南方姑娘，肤白，貌美，声音甜，从没当众红过脸。

她就是个典型的"佛系"少女，网购衣服不能提前试穿，遇到合适的买，买到不合适可以留着当睡衣。

公司项目会议，同事们总像跟炸了锅的蚂蚁一样，吵吵闹闹，每每领导问起小白怎么看，她总是淡淡地回一句大家讲得都挺好。

"随你吧，我都行。"

"没关系，我随缘。"

是小白做人做事的口头禅。

公司一男同事玩心大，看小白柔柔弱弱的样子很好欺负，就想逗逗她。

一次小白捧着咖啡杯在咖啡室里出神，那男同事悄没声绕到她背后，迅速凑到她耳旁"吼"了一声，把小白吓了一跳！小白当场就怒了，一把扣下咖啡杯，转过身，态度强硬地说：

"你吓到我了，跟我道歉！我不喜欢别人吓唬我，这种事情真的很无聊，答应我不会再有下一次。"

男同事一瞬间没缓过来，立马认错，连声说"对不起"，落荒而逃。

他完全没想到平日里看似好讲话没主意的小白，也有强势的一面。

"有什么好想不到的？"小白对我说，"无关紧要事情没有争辩的意义，大家立场不同，自然看法不同。大多数事情都不会严重到你死我活的程度，为什么非得争论个谁输谁赢出来，退一步海阔天空，对吧？"

"你那天为什么发火？我还没见过你这样。"我说。

"原则性的事情不能让啊！我胆小，别人吓到我，我会难受一整天，我为什么要由着他来吓我啊？如果我憋在心里不说，他就会以为吓唬我没关系而且还挺好玩，一来二去，我不仅被吓难受，渐渐会觉得他人品不好，大男人欺负小姑娘。有了偏见，就容易讨厌他，一讨厌他，以后一起工作就看他碍眼，到最后难免破坏了同事关系，就因为一件小事儿，不值得。直接说出来，问题就解决了呀！"

"开口，不会很难吗？"我问。

"没什么大不了的，你只要想想你不开口，人家每天吓唬你一次，以后的日子得多煎熬，你就不会认为开口很难了。"小白耸了耸肩，"说到底，还是看你自己喽。"

03

有一年冬天，北京快递员小哥奇缺。小白的快递被虚假签收了，货没到，物流信息却显示已签收。

小白二话不说，立马拨通快递小哥电话。第一通，挂了。第二通，还挂。第三通……终于通了。

小白："您好，请问……"

快递："喂，喂，喂……"

小白："喂，您好，能听清吗？"

快递："喂，喂，喂……"

小白："您这边是不是信号不好？"

快递："喂，喂，喂……"

小白："别装了！给我好好说话！"

快递："您说！"

小白："我的快递怎么回事儿？东西明明没拿到，为什么显示本人签收？"

快递："噢，那是放您办公楼下储物柜了吧。"

小白："胡说，放储物柜，我会收到短信通知的，我没收到！"

快递："那……这……"

小白："件儿是在你手上弄丢的，明天中午 12 点前把这个事情解决了，不然我就去投诉，你自己看着办吧。"

看到我一脸诧异，小白笑笑："我只跟和我好好说话的人好好说话。我不是没给过他机会，但那人显然在假装听不到电话，分明想要赖。这种人，对他态度不强硬一点，他就会蹬鼻子上脸。我不爱找麻烦，既然麻烦已经有了，还是那人找的，他就得给我解决，没必要承担别人制造的不爽呀，你说对吧？"

第二天，小白顺利地拿回了她的快递。对于经常吃哑巴亏的我来说简直不可思议！

我宣布，小白是我女神！

04

"随便，都行。"这种"佛系"的态度是留给非原则性问题的，争了没意义，退一步就不伤感情，何乐而不为？

至于那些"佛系"解决不了的问题，还得靠"暴力"。不是说真的动手打人，而是指一种就事论事的简单直接的态度，我有我的原则，你有你的原则，有余地就商量，谈不拢也没关系。你不仅不真诚，还想套路我，偏偏又套路得很低级，别怪我没好脸色。

人生要靠自己成全

你不是笨和运气差，而是思维弹性不足

01

看了个极恐怖的视频。

一个女法官刚判决完一桩案子，然后问正要被押下的犯罪人士："先生，我可不可以问你一个问题？"

犯罪人士："啥问题？"

女法官："你中学时，是不是在 ×× 读的书？"

犯罪人士听了这奇怪的问题，仔细一瞧女法官，顿时惊喜交加："哦，我的天哪……"接着捂住了脸，羞愧无地，"哦，我的天哪……"

女法官："看到你这样，我真的觉得好抱歉。我一直都在想，你后来怎么样了？"

"哦，我的天……"

女法官："在中学时，你是最善良的孩子……"

"哦，我的天……"

女法官："你以前真的是学校最好的孩子，我还和你一起踢过足球呢，看看现在发生的事儿……看到你在我这儿，我真的很可惜。"

"哦，我的天……"

"希望你可以改变你的行为，祝你好运。"

"哦，我的天……"

这是桩发生在美国的事情，中学的两个同学，毕业 30 年后，在法庭意外相遇。此时一个是法官，另一个却是罪犯。

02

30 年，说长不长，说短不短。

同一个起点，30 年后的差距却如此之大。

到底是什么因素，导致了这种结果？

03

苏格兰有家超市，新聘了一名导购员，名叫法维奥。

法维奥善良真诚，热心勤恳，不迟到，不早退，面对顾客的问题对答如流。

却被冷酷的老板开除。

为什么呢？

法维奥是导购员，任务是告诉顾客商品的位置，解答有关商品的疑惑，带领顾客到货架前。

有顾客问他："法维奥，卫生纸在哪里？"

法维奥："在货架上啦。"

顾客："这么多货架……算了，我自己找。"

又过来一个顾客："法维奥，奶酪在哪儿？"

法维奥："在冰柜里啦。"

顾客："这么多的冰柜……到底是哪只？"

法维奥："哪只冰柜不重要。重要的是，我的回答无误。"

顾客："……滚，别再让我看到你。"

老板发现情形不对，过来指导："法维奥，你不能含糊其词，要明确。比如说，你要告诉顾客，放奶酪的冰柜，向前走三个货架左转右弯再折回来，听懂了没有？"

法维奥："但人家的回答，绝对正确呀。"

老板火了："去那边站着，向顾客推销鲜肉。"

"鲜肉……？"法维奥找到卖鲜肉的柜台，往那儿一站说，"肉肉，好吃，买买买。"

顾客根本不理他。

别人在 15 分钟内，能够吸引 12 名顾客品尝。而法维奥这里，从早到晚一个顾客也没有。

一个星期后，老板告诉法维奥："叫你家长来，让他们带你回家吧。"

法维奥好伤心："老板，我是不是惹你不高兴了？"

老板："……这事儿等会再说，你家长来了。"

法维奥的家长们来到，当场把法维奥的胳膊腿卸掉，脑袋拧下来，打包装进箱子里，带回了实验室。

04

原来苏格兰超市聘用的法维奥，是赫瑞瓦特大学奥利弗·莱蒙教授的产品：机器人。

莱蒙教授大概想用这台机器人，测试一下人工智能对就业市场的威胁。

就目前这种情况看来，它们的威胁不大。

05

机器人法维奥，面对顾客时的回答，完全正确。

——只是答案，不是顾客想要的。

人类员工，会根据客户的情形，及时调整变通。

如顾客问："手纸在哪里？"

机器人只能简单回答一句："手纸卖完了。"

这就让顾客很上火。

聪明的人类员工会在某种产品缺货的情况下趁机向顾客推销替代品。

"不好意思先生，你喜欢的牌子暂时没货。但现在有一款新品，价格便宜，效果更佳，先生要不要试试？"

从这点看来，人还是比机器聪明一点点。

人工智能，就是给机器设计出弹性的思维与能力，变得比人更聪明。

06

什么叫弹性的思维与能力？

报警中心接入一个电话：

"嘟嘟……这里是110。"

"你好，我订一份水煮鱼片。"

"姑娘，这里是接警电话。"

"我知道，我要的水煮鱼，不可太辣，不可不辣，辣而不辣，不辣而辣，记下来没有？"

"姑娘，骚扰报警电话是非法的，请你挂机。"

"知道知道，水煮鱼里，多放点葱。"

"放葱……姑娘，你那边情况正常吗？"

"不要蒜，告诉过你的不要蒜，如果水煮鱼里放了蒜，我就投诉你。"

"明白了姑娘，你订几个人的餐？"

"四个人的，分量一定要给足，要是缺斤少两，别怪我给你差评。"

"好的一定，那么姑娘的送餐地址？"

"你记下地址……"

放下电话后，报警中心立即通知最近的警局。几分钟后，荷枪实弹的武装警察破门而入，当场捕获三名入室胁迫、绑架的歹徒。

07

报警中心与订餐女士的问答，就是典型的弹性思维。

如果换了机器人接警，报警人就死定了。

至少目前，人工智能还缺少足够的弹性。

机器用来取代人类固化而精确的工种。

但人类社会，不是精确的。

——人与人最大的区别，是是否具备以精确的手法、处理不精确事件的能力。

这就叫弹性能力。

08

弹性能力差的人，极端固执，不肯接受人性现实。

网络上有个孩子，说他打小就憎恨虚伪，憎恨不真诚。

有一天，父亲正在家中抱怨，说单位领导作风不正、人品不良、管理粗暴。正说着，领导突然间登门拜访，父亲立即换了张奴颜，点头哈腰，毫无骨气。率真的熊孩子看不下去，就当面戳穿："爹，你刚才不还说领导屁本事也没有的吗？怎么一眨眼你的说法就变了？"

"……呃，这熊孩子……"父亲被揭穿，好尴尬。

等客人走了，整条街道都听到了这熊孩子的惨叫声。

正如机器人法维奥，孩子说的都是对的，父亲确是前倨后恭。但这正是人际交往的弹性法则，可是孩子死活不肯接受，那就不好办了。

弹性能力强的人，适应性就强，能够感觉到正在发生的事情，随机应变。

前些日子的新闻，一个姑娘去停车场取车，不料被名歹徒用刀逼住，劫持她上了车，强迫她开车出城。如果出了城，姑娘就危险了。幸好姑娘借开导航为由，悄悄给男友发了条信息。男友接到信息后，一边报警，一边开始搜索姑娘的位置，很快救姑娘出险。

——新闻播报后，许多女孩儿在下面留言：真羡慕他那聪明的男友，如果是我的男朋友，他就会一个电话打过来，非要让我说清楚，那我就死定了。

——动不动就让人把话说清楚的人，长长心吧。

09

同一所中学毕业，30年后，有人成为法官，有人却成为罪犯。

为什么会有这种区别？

成为罪犯的人，原因有很多，作为个案更有特殊性。

但是，法官这门职业，是很难被人工智能所取代的。因为法官处理的事务，九成九都是弹性事件。如果你弹性思维较差，即使坐在法官的位置上，也会先入为主，武断乱判。相反，做个犯罪分子，就不需要有多强的弹性能力。

是以弹性能力差的人，极难适应现实。

10

如何走出固执，获得较强的弹性思维与能力呢？

试试这五步：

第一步，计算你的弹性量值。你的收入，一定与你的弹性思维程度成正比。你挣多少钱，弹性就有多大，如果你收入不足，必是固化思维太强。

第二步，松动你的固化思维。列出你不喜欢的事物，不喜欢吃的菜，不愿意做的事儿，让你讨厌的脸，容易伤你的话，等等。

第三步，挑战你的心理不适区。品尝不喜欢的菜，尝试不愿做的事儿，对讨厌的脸微笑，笑到他心惊胆战。在纸上写最容易伤自己的话，读到没感觉为止。

第四步，善待自己的情绪，若然时有气怒，必是弹性不足。

第五步，说服自己，热爱这个世界。世界这个样子已经很久了，如果你不喜欢，不能怪这个世界。

如果有意识地训练自己，慢慢就会发现，你似乎跟以前不太一样了。

你变强大了。

耐挫、抗压而坚韧。

30年前，电话还未普及。而现在，手机已经成为我们身体的一部分。这世界变化太迅猛，快不过三年，慢不过十年，人工智能将取代现代许多工作岗位。一旦机器人在弹性工作领域获得突破，那些生活陷入机械式重复的人，就要遭遇失业之厄。晴天备伞，未雨绸缪。不要等到变化到来，再洗脚上田。一个能够迎接命运挑战的人，一定有着强大的弹性能力。一个在未来变局中不被取代的人，必然是有着人工智能无法企及的智慧。就从现在开始努力，做一个会变通、胸怀广、柔性大、韧劲足、百炼千锤、终将回归自我的求存者。

人生要靠自己成全

你一努力，就暴露了你智商的不足

01

这是一个疯狂加速的时代。

看书，我们要快速阅读，从一年读完 400 页的书，发展到一月、一周、一天、一小时，甚至 15 分钟。

听语音，我们 1.2 倍、1.5 倍、2 倍速去听，最后提高到 3 倍速。对方是谁已经不重要了，声音变成了洋娃娃我们也麻木到不会感到好笑。

看视频看电视剧，我们跳；遇到男女主危急关头还啰里巴唆的，我们跳；遇到主角无敌加身千篇一律的打斗场面，我们跳；遇到坏人快得逞时明显死于话多的，我们跳……

这样的例子还有很多很多。包括我这篇文章，你在快速地看，我也在快速地写。

我不知道从什么时候起，我们都被推到了一个不断提速的循环中。

对，是循环。速度看上去越来越快，但我们的心境却一次又一次经历着同样的波折。我们被锁在了一个"不断要求快"的牢笼里。

达尔文进化论的"优胜劣汰"，现在来说已经很不准确了。但是你明显感到"进化论"还在起着作用，你疯狂地吸收最新的信息和知识，生怕落下别人一步，你就错过了一次突破阶层的机会，然后被扫进时代的废纸篓里。

于是，这个疯狂加速的时代就给了我一个错觉：似乎只要你速度比别人快，你就不会被淘汰。

02

我之前工作过的一家公司有位严老师，每天出稿子速度特别快。基本一个小时一篇，一天下来达到6篇，还有几篇是原创。最多的时候一天能够达到3篇原创，其余是新闻稿件。

出过原创的人都知道，每天一篇原创就已经耗费很多精力了。每天3篇？那是要加班到深夜，饭不吃、夜不寐、以泪洗面、抓破头皮，还要祝福自己离"聪明绝顶"不远了。

可神奇的是，这位严老师不仅没有秃头，还能够准时下班，甚至还有充足的时间来研究资料。哎，不对，是出去吃饭。

看到他的速度，作为一名优秀进步的有为青年，我倍感压力。然后也拼命加快速度，在各种能够节约的地方节约时间，所有能利用的时间都利用起来。

比如上下班挤地铁时靠在别人背上不怕别人误解"性骚扰"也要拼命写稿子。

比如出去吃饭这么奢侈的事情是绝对不能做的，肯定要叫个外卖边吃边写。

比如电脑经常处于24小时开机状态，工作界面在唤醒时必须第一时间蹦出来。

比如打字速度练到每分钟280字，10分钟2800个字，1个小时打完1.6万字的短篇小说。（这个只是设想，还没实现。）

总之，经过我的种种努力，写稿子的速度在飞速地上涨。终于有一天，我写出了7篇稿子，有4篇是原创。

我迈着轻盈的步伐，感觉一股轻风在脚边游走，浑身萦绕着一股仙气，飘飘然，马上感觉要被风带走了。看到严老师那慢吞吞的样子，我在心里轻蔑地一笑。都说人外有人，此人也不过如此。

然而，他看我的眼神却像在看一个傻子。

正待我要发作，我就被主编叫去了。

重写！所有的都重写！

先不提错别字有多少，原创的有多处常识性错误，明显是没经过调查，脑子一拍就写的。写的新闻稿多处语句不通，东插一句西插一句，毫无逻辑性可言。

被主编一顿痛批，我灰头土脸地回到座位上。看到一旁笑得合不拢嘴的严老师，我感到深深的羞恼。

经过此事，我明白了一个简单的道理。这个道理平时简单到不值一提，基本所有人听了都点头，然后所有人一转头就忘了，等真正去做的时候却发现很难做到。

这个道理就是：除了速度，你还要关心质量。即要做到又快又好。

我一直被这个时代表面的加速所迷惑，却没有看到速度背后还隐藏的一个前提——质量。

我只看到我们都在快速阅读，但没看到能够真正快速阅读的人其实有着丰富的知识储备，他的阅读效率可能比你慢吞吞地看还要高。

我只看到我们都在加倍听语音，但没看到那些真正能快听的人已经训练出了快速从语音里提炼信息的能力。

我只看到我们都在跳着看电视剧，但没看到那些频繁跳着的人可能是阅片无数的"老司机"。

因为认知格局有限，当时的我不能透过现象看本质。以为速度上去了就好了，其实灵魂还在原地不动。

透过现象看本质。这个道理已经被说得烂得不要再烂了，却是打开你认知格局的第一步。

而唯有打开认知格局，你就不会简单地被表面的现象所迷惑，你会知道凡事都有一个过程。不去强求眼下不属于你的东西，但相信凭借努力你终究能够得到。

03

但仅仅透过现象看本质也是不够的。

公司还有一位同事，没干几个月就走了。他是属于那种总是能一针见血指出关键所在的人，他的思维看上去很敏捷，你说什么基本都会马上反应过来，然后给你一个意想不到的角度。但久而久之，你会发现他提的角度基本都是一样的。他说什么，虽然不至于知道他具体会怎么说，但是大概的方向你心里都会清楚。

他看上去很聪明，能够抓住现象表面背后的规律。然而他迷恋于某种阴谋论的腔调，认为所有成功人士的背后都有一个强背景的爸爸。他不屑于鸡汤文，认为读鸡汤的人不是思维逻辑有缺陷，就是上辈子生出来掉到地上被门夹了。如果你觉得刚才这句话有什么逻辑问题，说明你根本不懂逻辑。

是不是听上去还挺有意思的一个人？但是接触久了，真的会觉得厌烦。

因为他对什么都喜欢品头论足，干了几个月，就辞职走了。原因在于他觉得这里的工作不过是一种重复和伪创新。写的新闻稿不过是重新组织了别人的访谈材料，写的原创不过是过去观点的拼接，没有新颖的东西。办的活动只是在复制别人的成功套路。

他的确道出了公司运营的某些本质性的东西，但是他却受限于自己已有的知识，看不到更远的东西。

他以为透过现象看到的规律就是本质，但是没想到本质后面还有本质。

反观严老师，两年前也曾是个愤青味十足的人，后来通过广泛的阅读，才认识到自己过往的不足。他认为鸡汤和股市泡沫一样，是当下社会对未来焦虑的情绪出口。阴谋论跟鸡汤一样，两个都相信绝对的人为。创新不是创世，都是对已有世界的改造。新鲜只不过是一种"1+1>2"的比较优势。

严老师虽然来去散漫自由，就是这样一位不修边幅、行为乖张的人，你绝对看不出来他居然会对工作抱有极大的热忱。明明很多人做几天就会做厌的工作，在他眼里却总能发现宝贝。明明习以为常、见怪不怪的广告牌，他却能推出整个小区的运营机制。

他总是在拓展自己的能力，挑战一些自己从未做过的事，进而分派到了更多任务，也就是更多的机会。

在我走后一年不到的时间里，因为还有些遗留的问题，我又回到了那家公司。再次碰到严老师时，他已做到了主管，而且拿到了公司的私有股。

有时候，我们学到的知识会极大地限制我们的认知。

对，没错，我们的认知格局受我们学到的知识的限制。

你以为你学到了知识，但这些知识会同时限制住你的思维。

我们只有不断地去学习和运用知识，你才能不断地发现：知识和知识之间的矛盾，知识和现实之间的矛盾，知识与自己之间的矛盾。

获得经济自由，是我们对家人亲友的责任

01

人生有无限可能。

但许多人，却只得到了最平庸的那一种。

终其一生，活在别人的期望中。

——除非环境波动，否则就会循规蹈矩，了此残生。

02

最近有位大叔，在创业论坛上忆苦思甜，飙泪痛说家史。

大叔人生前半截，按部就班，读书就业，娶妻生子。堪堪人至中年，却突遭飞来横祸——

公司倒闭。

屋漏偏逢连夜雨，破船又遇顶头风。大叔回家，得知了另一个坏消息——

妻子也失业了。

人生要靠自己成全

这下惨了。两口子相顾垂泪，看着还在读书的孩子，唯有咬牙振作。

可这家人都是平常百姓，没本事没背景没能力也没技术，纵然想振作，又该从何处着手呢？

03

大叔开始蹬三轮，替人送货什么的。

妻子到菜市场卖菜。

晚上带着孩子，全家摆地摊。

那是大叔一家最痛苦的日子。

原本是拿工资的人，忽然成了"最低层"，内心的失落可想而知。最糟的是，全家上溯祖上十九代，从无经商基因，摆摊卖货，连声吆喝都不敢。

头几天，摆摊摆到大半夜，也没卖几个钱。

眼见得再这样下去，全家人就要喝西北风了。情急之下，大叔突然想明白了：

——做生意，跟上班是不同的。

——求职上班，要的是尊严体面。白领精妆，人前人后说起来有面子。

——尊严体面，是要用钱来买的！

——循规蹈矩的生活，意味着失去机会与收益。而这些损失，就是用来支付你所谓的体面。

——做生意，就必须用自己的尊严体面换别人兜里的钱。

就得学会媚笑，学会说话，学会取悦别人。

只有讨取了客户的欢心，人家才肯掏钱。

感觉好屈辱。

04

大叔苦读了几本营销及心理学方面的书，慢慢学会揣摩人心，学到了谈判技巧，学会了与不同人打交道。

有次大叔的妻子摆摊时捡到本杂志，上面有个故事：《麦琪的礼物》。

这是美国作家欧·亨利的经典，说的是贫贱夫妻百事哀。一对患难小夫妻，妻子有一头秀发，但买不起梳子。丈夫有块金表，但买不起表链。圣诞时妻子瞒着丈夫，卖掉头发买了表链。可丈夫却瞒着妻子，卖了金表买了梳子。

夫妻都得到了自己最渴望但已经没有价值的东西。

温馨而又让人鼻酸的爱情。

看了这个故事，妻子买了束花。

回家后对大叔说："你觉得，我们经营花圃如何？"

你看这家人，都穷成这惨样了，还惦着风光体面呢。

这就是人性！

就是商机！

05

夫妻筹措本金，带孩子搬到了花圃居住。

大叔负责经营。

妻子招呼客人吃饭。

——都是些什么客人呢？

就是花圃附近，那些送货的小卡车司机。有大客户买花草，常找这些人询价运送。

妻子每天在家，要做一大锅热气腾腾的饭，炒十几道菜。饭做好，就让孩子招呼那些司机来吃。

孩子不明事理，就问母亲："咱家还欠着债呢，连我读书你都舍不得给钱。为什么要请他们吃饭？"

母亲谆谆告诫："孩子，钱并不是人生中最重要的，最重要的是要有一颗善良的心。你看那些大叔大伯在外边等活，多辛苦。家里的饭一个人吃也是吃，让他们吃口热乎的，也是积德之举。"

积善人家庆有余。经营花圃后，大叔家的营收直线飙升。

——秘密就在那顿饭上。

06

运货的司机时常来大叔家里吃饭。

大公司开张，都要风风光光，置办绿植。一般就会向司机之类的人打听，问哪家的花圃好——你说这些司机，会推荐谁家？

这等于大叔一家，不付工资，只用一顿饭就雇请了十几个营销员。

收入不飙升，才是怪事。

07

大叔钱是赚到了，可孩子的教育出了问题。

——孩子迷上了打游戏，老是逃学。

经常有家长找到游戏厅，揪住孩子往死里打。大叔和妻子也来了，可是他们没有打孩子，而是好奇地东看西看，居然在游戏厅里坐着，看孩子打游戏看了大半宿。

晚上，孩子跟父母回去，忐忑不安地等待斥骂。可是大叔夫妻没有打骂，而是认认真真地问孩子："你觉得咱家开个网吧，会不会赚钱？"

"应该……有可能吧？"孩子回答。

"再想想，投资可是慎重的事儿。"大叔说，"给你一个星期，拿出个项目书来。"

打个游戏，还要写项目书？孩子懵了。但感觉自己很受重视，而且这工作也新奇，就利用周日跑遍全城的网吧，真的写了个项目可行性报告。

按儿子的项目书，大叔就挑了个门脸，租下来开了家网吧。

完成这次商业运作，孩子一夜成熟。

以前痴迷游戏，只因内心孤独，缺乏关爱。现在是从经营者的角度，看到了人生目标，看到了自己的现在与未来。一下子就懂事了，主动读书学习。

08

孩子考上大学，学的是市场营销。

但几年过去，网吧早如雨后春笋，遍地开花，不赚钱了。

大叔夫妻又开始四处游动，寻找商机。

大叔妻子有个闺蜜，隔三岔五就要去美容、香熏。

儿子劝母亲也放松一下，家里已不再缺钱，照顾自己理所应当。

没想到母亲对儿子说："那你给我拿项目报告书来，我看看再说。"

"不是，你这……"儿子恍然大悟——

家人关爱，这就是商机。

09

按儿子提交的项目报告，大叔开了家美容院。

再以后是珠宝店、古玩店。

就这样十几年过去，大叔一家回首往日，恍如隔梦。

他们不算大富大贵，但衣食无忧。他们读书不多，却学以致用。

——最重要的是，他们如愿转型，从自然人成为商业人。

——不再惧怕时代变化，因为他们学会了生存。

10

商业，是违背人性的。

人性，是以自我为中心。

我的自尊，我的体面，我的主张，我的习惯——无论付出多少代价，也要坚守自我。

而商业思维，却是以别人为中心。

所以，这世间财富，配比相当的不均匀。有钱人数量不多，却占据了大部分财富。穷苦人不计其数，可穷兄弟兜里的钱堆起来，还比不了富人的一根毛。

除了社会财富配平机制的问题，我们作为自然人，疏离于商业思维，也是一个关键原因。

11

如何从以自我为中心的自然人，转变为商业人呢？

大叔走过的路，已经告诉了我们：

第一，你的自尊，是要花钱的。

你之所以自尊心强，只是因为外部环境的贬斥。但自尊的坚守不能沦为对抗，而应该转化为巧妙的生存策略。

第二，钱，是从别人手中赚来的。

要想拿到别人手中的钱，硬来好像不太妥当，你需要策略与微笑，需要顺应对方的人性，尽量表达出善意。

第三，商业，是需要投入的。

将欲取之，必先予之。投入的不只是钱，还有脑力、智慧，与善意的合作谋略。

第四，人性的弱点，就是商机。

弱点，往往意味着需求，而需求就是市场。对此的认知，是一个人从社会批判转为商业实践的关键。

第五，商业实践，是最完美的教育。

商业者面对的，是市场无尽的变化。是以商业思维就意味着终生的学习，学习把握终极的本质，更要学习掌握变化的表象。

商业大潮，浩浩荡荡。顺之发财，逆之赔光。只有当你形成娴熟的商业思维，才知道金钱并非是衡量人生的唯一标准。但如果商业思维不足，金钱就会成为你人生痛苦的根源。

12

时代在变，如怒海狂涛，翻覆不定。

此前30年，造就了我们身边大量的商业思维者。他们就是那些抓住机会，改变了命运的人。

此后30年，我们将面对全新的挑战。财富城堡从未有过一天的安生，获得财富的人，如果疏离于商业思维，终将被扫地出门。仍处于行进阶段的人，如果能够迅速形成商业思维，就会高奏凯歌，杀入财富城堡。

金钱从来不是评判人生的唯一标准，却是诸多标准之一。古人言安贫乐道，意思是说一个坦然面对贫困起点的人，只要勇于追求智慧，认知到商业法则，就能够赢得经济与心灵的双重自由。获得经济自由，是我们对家人亲友的责任；获得心灵自由，是我们来此世界的终极目的。如果我们渴望心灵的自由，就必须洞悉人性。

财富是人性的镜像，逆人性而行，又与人性息息相关。只有当我们勇于正视自己，就会知道：所谓财富，不过是造福他人的资源与权力；所谓智慧，不过是洞悉人性的认知与能力；所谓勇气，不过是挑战命运的行动与意志。财富、智慧与勇气，三位一体，难分彼此。当我们拥有其中之一，就意味着全部。

是什么碾压了你的智商

01

人人想做聪明人，做个高智商的人。

但电视剧《风筝》中，智商与个人命运并非正相关。有人智计无双，却命运多舛。有人智商堪忧，却幸福到飞起。

为什么会这样？

——智商之上，犹有认知。

什么叫智商？什么又叫认知？此二者有何区别？

02

智商，是一个人的智力商数。

认知，是对自己智商的运用。

智商好比是手中的牌。有人抓到好牌，有人抓到烂牌，这事全凭运气。

认知好比是打牌技巧。高手会把烂牌打好，而有些人会把好牌打烂。

人生要靠自己成全

——除了牌的好坏、技巧的高低，还有些东西影响着的最后结果。

03

片中认知最低的，叫庞雄。

他是中统特务，忠心护主，超讨厌动脑子。

烧脑片中，不动脑子可不好。老庞挣扎着活到第13集，被男主当着自家老板的面"砰"的一枪干掉了。

——不肯动脑子的人，死先。

04

处于认知第二层的，是袁农。

老袁是我方地下情报主官，主要工作是扯男主后腿。

他每个决定，都是错的。

——他跟正确的决定有仇。

但老袁却一路赢，连智商顶尖的美女，都被他推倒。

——错的虽然是他，但付出代价的，却是男主。

——比认知和努力更强大的，是时运。

——时运是世间最强大的力量。好比两个人，一个人信了鸡汤，卖房创业，却竹篮打水，血本无归。另一个人不思进取，却因拆迁获得大笔补偿费。这就叫时运。是以古人说，时来废铁生光，运去黄金失色。

05

处于认知第三层的，是马小五。

小五貌似粗莽，实则心细，极具亲和力，是个天生的情报人员。

但他自己并不知道。

之所以不知道，那是因为他出身苦寒。为了生存，有啥活就干啥活，没得挑拣。他实际上是天下穷二代的缩影，没钱，没选择，天赋被压抑，完全靠了乐观的天性，顽强生存。

——贫穷压制智商，让你失去机会。

06

处于认知第四层的，是宫庶。

宫庶有情有义，智勇双全，是极完美的反角。

他吃亏就吃亏在地位太低。军统太势利，有背景，猪也能上位；没背景，能力再强，也是个挨刀货。

宫庶为扭转命运，避免挨刀，选择效忠男主角。

但男主角却是我方卧底，所以宫庶大哥又悲剧了。

——社会地位过低，就没得挑选，怎么选择都是错。

07

处于认知第五层的，是高占龙。

他是中统大当家，思维全面，格局宏大。但千不该，万不该，他不该伤害男主角的初恋女友。

男主角为女友复仇，稍带给戴笠上"眼药"，布了个很大的局。

高占龙智力绝对够用，托孤于弟子。寻求保命之策。但他所面对的局太大，超出了他的智力覆盖范围，所以他成功死掉了。

——再大的饼，也大不过锅。再高的智商，也高不过更大的局。

08

处于认知第六层的，是高占龙的弟子田湖。

小田是个有潜力的人，老师高占龙活着时，他撒娇卖萌，不肯成长。

但当老师被杀掉，竟无人过问，田湖一夜间成熟了。

然后他就开始各种倒霉。

倒霉不能怪他，他真的很努力。但他身处一条破船，夜雨飘摇，大势已去。纵有再过人的智力，保全性命都不够用。

——智商靠不住，形势比人强。

09

处于认知第七层的，是韩冰。

她是剧中活得最久的女主角，也是唯一能和男主角智力抗衡的人。

她深爱着男主，男主也知道这一点。可是男主劝她嫁给她不爱的人，为此她差点刀劈了男主。

命运哪！

她和男主的爱情，很像《麦琪的礼物》里的夫妇。

他们不惜一切代价，只为对方着想。

但，全是枉然。

只因他们根本不知道对方是谁。

——最强大的，始终是命运。

——如果不了解对方，所有的付出，终将失其意义。

——爱才是唯一。如果你心里有什么东西，比爱更重要，一定是弄错了。

10

处于认知第八层的，是军统时代的男主角郑耀先。

男主角在军统中，智力高到怕人，而且极凶悍，谁敢惹他，他就灭谁。

剧中有一段，戴笠死后，毛人凤接掌军统，想搞男主角。结果男主角一怒之下，上了点手段，把个毛人凤折磨得号啕大哭，满地打滚。

男主角为何如此厉害？

——如果你读过毛人凤的传记，就会惊奇地发现，毛人凤的经历与个性，和男主角有一定程度的近似之处。

历史上的毛人凤，在军统中才是横吃四方的。

既然他能够横吃，一定是某些特殊的个性，形成了他的人格力量。

编剧及原书作者，要塑造一个在军统横吃四方的人物，就一定会把毛人凤的本事能力，拿来安在男主身上。

这些能力或是性格，又是什么呢？

11

毛人凤这个人，一生遵奉五个原则：

微笑——

从来不发火，始终不动怒。哪怕你指着他鼻头骂他娘亲，他也不生气。生气是用别人的错误惩罚自己。发火动怒，更是无端伤害自己。聪明人不做这种蠢事，所以他在军统中轻易胜出。

担当——

剧中场景，无论部属犯了什么错，男主都把责任揽到自己身上。所以男主角有帮兄弟，甘愿为他效死。

毛人凤就是这样，他从不责怨部属，掏心窝子地替部属解决问题。许多人对他充满感激，不待吩咐，就会把事情做到妥帖。

专注——

专注于什么呢？

专注于业务。毛人凤在军统，无论是行政军事，所有的业务都是顶尖。任何人遇到任何问题，他都是不假思索，张口就回答出来。所以最后由他来当家，无人不服。

隐忍——

毛人凤有句话：认真不得，生气不得，马虎不得。

别人闹点小情绪，耍点小脾气，这些认真不得。

人家对你的怒，对你的骂，对你的怨恨，这些事儿生气不得。怒骂怨恨，都是对方在压力之下的情绪宣泄，与你无关。如果你因为别人的情绪大动肝火，那就是自虐了。

具体的工作，效果、目标与流程，这些事儿马虎不得。

对人宽，对事严。

狠辣——

即使做到上述四条，也未必会消弭敌意或攻击。

如果有人就是瞧你不顺眼，非要搞你，又该如何？

剧中男主角的原则是：惹我你就死定了。

这也是毛人凤的处世原则：与其让人爱，莫如让人怕。你不惹我，万事好说，若敢惹我，雷霆之火，必让你终生悔过。

12

总结一下剧中那些碾压智商的神秘力量：

碾压智商的第一种力量，是压根就没智商，这是认知的最低层，是庞雄。

第二种力量，是时运，立于风口，盆满钵满，是袁农。

第三种力量，是贫穷，这是马小五。

第四种力量，是过低的社会地位，怎么选择都是错，这是宫庶。

第五种力量，是所面对的局超过人力控制，这是高占龙。

第六种力量，是大环境，形势比人强，这是田湖。

第七种力量，是命运，是智商顶尖的女主韩冰。

那么智力最高的男主角呢？

他又遇到了什么？

13

男主角，军统时代的郑耀先，微笑第一，担当第二，专注第三，隐忍第四，狠辣第五。凭此五点，他无可争议地夺得"最高智力奖"。

但，远远不够。

14

剧中男主，曾对舍命相随的宫庶说："宫庶，你有学过剑没？"

人生要靠自己成全

习武练剑，三年有成。持铁剑行走江湖，却发现高手好多。你那点三脚猫本事，不够人家打的。

那就发愤努力，学成重剑。期以大巧不工，力压群雄。

却发现你越强，对手也越强。单凭蛮力，你会死得很惨。

不得不求助于更高明的心法，练至手中无剑，心中有剑，飞花摘叶，皆可伤人。但到这时你会发现——所有的努力终是枉然。

说完类似这样的话，男主角走下他人生的巅峰，开始了漫长的逃亡与躲藏。

怎么会这样呢？

剧中男主告诉我们：如果你越努力，处境越是恶劣，问题多半出在认知上。是我们的认知层级不够，选择了强势对抗，与亲情对抗、与友情对抗、与爱情对抗。除非打开柔软的心，才知道世上有些东西，弥足珍贵，不可轻言毁弃。最高的认知，是人间真情。是对家人的爱，是对朋友的义，是对爱人的恋。失去这些，就会失去自我。只有回归于亲情、友情与爱情，我们才会与世界和解，找回自己，归于快乐。

人性有两种，你是哪一种

01

认识的人越多，就越喜欢狗。

这是句流传了两百多年的金句。

还有句格言也不赖：人和人之间的差距，比人和狗之间的距离还要大！

两句叠加在一起，你就会发现，人性很可能有两种，如一条道上反向奔驰的车。我们总是对反向远去的人感到震惊困惑，目送他们与我们渐行渐远——而你养大的狗狗，始终与你相濡以沫互舔同啃。所以你引狗为知己，却无法理解远去的人。

02

有个大学生，在网上控诉他的际遇。

有天夜里，他匆忙返校。学校周边正在修路，马路挖得沟坎纵横。

有个卖烤红薯的大叔，推着小三轮，眼看着前面的土坡就是上不去，累得牛一般地喘。

大学生看不下去了，立即跑过去，帮助推车。

两人用力，三轮车爬过了泥坡。然后大叔停下来，回头看着大学生："孩子，车上还有三条红薯，归你了。"

"……这怎么好意思。"大学生喜出望外，"不要问我是谁，我的名字叫雷锋……"他高兴地抓起红薯，一边吃，一边回头往校门方向走。

"哎，"大叔叫住他，"钱呢，不给钱就拿走，你以为你是大学生就可以明抢吗？"

"明抢……"大学生这才醒过神来，"你这红薯还要钱？"

"多新鲜哪！我又不是你爹，不要钱还白送？"

唉，大学生好晦气，本以为大叔是感激自己帮忙，送红薯给自己。岂料人家……算了，多少钱？

"一条10块，3条红薯30元。"

大学生急了："你你你……你这红薯，论秤也不过每条5块钱……"

大叔一句话怼回来："我就卖10块，吃不起你给我吐出来。"

"你……我好心好意帮你忙，你却趁机讹诈我……"当时大学生的心，宛如寒冰一样的凉。

雪花那个飘，行善要挨刀。

从此不相信人性。

03

还有个大学生，家在乡村。

门前有块地，不大。地界有顶高高的椽棚，是邻家用来放杂物的。

椽棚顶部倾斜，逢雨天哗哗淌水，遇晴天不见阳光，导致门前这块地，硬化板结，没法种植。

大学生的父母，就去找邻家协商："可不可以把椽棚拆掉？那么高的一座建筑，晴天遮阳雨天淌水，我们家那块地种不成了。"

"种不成跟我们有啥关系？"邻家鼻孔朝天，一口怼了回来，"我家的椽棚，想拆就拆，不想拆就加高。"

"你们……"大学生父母都是老实人，气得话也说不出，无奈回来。

就这样过了两年，邻家的椽棚不动如山。大学生一家毫无办法。

两年后的一天夜里，邻家突然在半夜砸门，大学生的父母急忙起床问，才知道邻家的成年男人都在城里打工，家里只有老人。可是老头半夜突发急病，眼看要死掉，老太太吓得嗷嗷尖叫，顾不上两家有嫌隙，半夜砸门求救。

当时大学生的父亲，想也不想，骑上家里的三轮摩托，星夜把邻家老头送到医院。幸亏来得及时，老头一条命抢救了回来。

几天后，大学生父母出门，忽然感觉什么地方好像不对。左看右看，才发现邻家的椽棚已彻底拆除，地面也收拾得干干净净。

父母把这件事讲给孩子听，感慨道：人心都是肉长的，人心换人心啊。

04

人心换人心，这是人性。

好心当作驴肝肺，也是人性。

人性有两种，就看你遇到的是哪种人。

05

人性有两种：

　　　　　人生要靠自己成全

一种是遇到问题，寻求解决方案，这叫合作型人性。

还有一种是遇到困境，归咎于别人，这叫对抗型人性。

06

合作者与对抗者，遇事时的反应，是截然相反的。

假如说，你闲得骚包，突发神经，每个月给对抗者一大笔钱，而且月月都给。对抗者先是诧异，惶惑，而后习以为常。慢慢地，他习惯了，视为理所当然了。然后突然间你停止了馈赠，或是减少了馈赠数量，他就会勃然大怒，认为你贪污了他的钱，甚至会登门兴师问罪。

——但如果，你把这笔钱给合作者，他们一样的诧异困惑，不明白你何以如此骚包。尽管他们始终不会习以为常，但为了确保你傻傻的善行持续下去，他们会投桃报李，在自身能力范围内，努力对你的善意做出回报，刺激你无休无止地把钱砸给他。

所以，你的善行遭遇合作者，会感觉好爽。你的每一个行为，都会获得对方的良性反应，引诱你继续扔钱。慢慢地，你和对方渐而融入一个共同的经济循环圈，你中有我，我中有你，你赚我捞，不亦快哉。

但当你的善行遭遇对抗者，对方将他的所得视为理所应当，不仅没有丝毫反应、回馈，反而趾高气扬，这注定了对抗者和任何人都无法合作，最终会疏离于社会经济循环圈。

07

前面的段子，第一个大学生遇到的烤红薯大叔，就是个典型的对抗者。

人家大学生帮助了他，他却无丝毫感怀，反而趁机给大学生下套，把烂红薯强卖出个高价——如他这种人，永远只做一锤子买卖，断不可能形成持续稳固的经济循环圈。没有一个持续的收入，他的生活就会波折不断，日渐不堪。

第二个大学生的邻家，就是个明白人。虽然他们开始时逞凶强横，但心中良知尚在。当得到大学生家的善意帮助，心里羞愧万状，就主动拆除椽棚，顿时让邻里关系进入了和谐阶段。此后这两家人有忙互帮、有事互助，自然就比单打独斗容易得多。

08

你是哪种人，就会到达哪个社会位置。

合作型的人，极是精明，因为他们吃过的亏太多。

每当遇人做事，合作型的人会象征性地丢过点诱饵，观察你的反应。这叫见人只说三分话，未可全抛一片心。他们在对抗型人身上吃的苦头太多，心里害怕，一旦发现你稍有对抗意图，就会抽身远离。

所有的合作者最终都会相遇，通过一种信任关系，构筑彼此的生态环境。

对抗者极少吃亏，他们几乎次次都能占到小便宜——但他们的人生格局，仅限于此，他们是这个社会不断向下走的人。是以这种人心里愤怒至极，感觉自己是那么聪明，没人算计得过自己，可为什么却时运不济，没有财运呢？

自从盘古开天地，三皇五帝到如今，世界就是清气上升，浊气下降。每一个人都会游荡在他应该在的位置。纵时运难测，对抗者有时也会浮到社会上层，但过小的格局，终会让他众叛亲离，回归本属；合作者有时也会流星般滑坠下来，但最终，他们还会吭哧瘪肚往上走，这是他们的属性所决定的。

　　　　　人生要靠自己成全

后一种情况，叫逆袭。

09

逆袭者，一定具有这样几种质素：

第一，他们是合作者，知道单打独拼，不成气候。而要与人合作，就需要识人辨人，需要试探与小心。

第二，他们不美化困境。对于他们来说，从不存在怀才不遇或是高才遭谤，存在的只有渐行渐高的自然规律。

第三，他们的格局更大，不在意一城一地之得失。被人骗了是双重好事，一是你认识了对方，二是幸好骗人的不是你。

第四，他们谋远长，存善意，胸有丘壑，不求之于即刻回报。

第五，他们是做事的高手，更是合作的高手。从不抢功夺利，但最后却收获不菲，这叫"夫唯不争，故天下莫能与之争"。

合作者单纯简单，因为他们谋求长期合作，变数不多。

相反，对抗者日算夜算，生活负重不堪。

对抗者从不相信什么逆袭，因为他们缺乏这五种质素，小算盘小格局精打细算，眼光短浅只能看到鼻子尖前一点利益，无法想象更长周期的投入与回报，自然无法理解逆袭者的境界。

10

人的心力，是有限的。

大致是个常数。

过多地谋划于对抗，就没多少精力思考合作。一个人的对抗意识有多强，合作能力就有多弱。

古人说：吃亏就是占便宜。

其实吃亏跟占便宜，一点关系也没有。这话要看谁在说，还要看谁在听。如果说的是对抗者，听的人无论是谁，这都是句屁话。对抗者是一锤子思维，没有投入积累意识，占了便宜还想更多，直到出局为止。

合作者会将你的损失折为投资，日后必有所报。这又称人心换人心。

人生就是一次轰轰烈烈的大投资。我们要想把命运掌握在自己手中，就需要扩展事业思维的时间线，静看那些对抗者在我们的视线中纷纷出局。最后留下来的，就是风雨同舟的同行者。所以衡量一个人的合作能力的标准，看就看他的信用累积，诸如他有没有多年至交，电话号码是不是长年固定。喧嚣红尘中，一个人能持久坚守，这就是他的信用资本，他的无愧于心，值此堪可托付。

你看错了世界，却说世界欺骗了自己

01

有位少年，18岁，在乡下挤牛奶。

老牧民都知道，挤牛奶这件事，会挤很简单，不会就凌乱。但老牧民偏不告诉少年，只丢给他一只桶：去，挤牛奶。

少年就雄赳赳、气昂昂地拎桶扑向奶牛。

哞，咱们开始挤奶。

然后就钻牛肚子底下，开始揉搓。

揉搓半晌，一滴奶也没出来。

少年茫然不解，只好找老牧民请教。

老牧民说："挤牛奶，得先让小牛把奶吸出来，这么简单的事儿都不知道，你说你蠢不蠢？"

"蠢，蠢。"少年点头认错，再回去找小牛。

02

少年牵着小牛，来找奶牛。

先让小牛吸奶。

果然是吸出来了，只是小牛再也不肯撒嘴了。

老牧民说："不快点把小牛牵开，奶就会被小牛喝光，你还挤个啥？"

少年急忙上前，劝说小牛："哞，咱们要有奉献精神，不喝了好不好？"

小牛不睬。

少年抱住小牛脑袋，想把小牛弄开。小牛轻摆牛头，就把少年甩飞。

少年再冲回来，强行将小牛牵到一边。

然后赶紧拎桶，往奶牛肚子底下钻。不曾想小牛同志又回来了，照少年屁股上就是一脑袋，撞得少年脸贴地出溜去好远。

少年再爬起来，长了心眼，把小牛拴得牢牢的。

然后飞快回来，火速挤奶。正挤着，奶牛探头一看：咦，原来挤自己奶的，不是我家牛宝宝。当时奶牛就炸了，一蹄子踢飞奶桶，又照少年头上狂踢，砰砰砰，让你抢我宝宝的奶！

少年被踢惨，狂奔到安全地带，双手抱头痛哭：挤个奶咋就那么难呢？

03

若干年后，少年功成名就，名满天下。

到处做报告，把陈年烂谷子翻出来，讲自己18岁时的挤牛奶的经历。

然后少年产生了个疑惑：

当年挤牛奶的人，可不止我一个。

人生要靠自己成全

——但为什么只有我火了，而有些人的生活环境，并无改观呢？

为什么？为什么？

直到有一天，他发现了一本书，才恍然大悟。

04

少年发现的那本书，书名是《太平草木萌芽录》。

清朝时的一位书生易翰鼎所著。

易翰鼎，在历史上没啥太大动静。知之者甚少。他是在 70 岁时，完成了这套书，记载了他 16 岁到 70 岁的人生轨迹。

不怪大家不晓得这本书，事实上，就连易翰鼎本人，对自己的成就也不太满意。所以他在 75 岁时，留下道家训：

> 自叙平生至愿，荣华富贵皆在所后，惟望子孙留心正学，他年得蔚为名儒，则真使吾九泉含笑矣，群孙勉乎哉！

翻译成白话文是说：咱这辈子，要名没名、要钱没钱，不甘心哟。希望子孙们多多用心，将来成名成家，老祖宗我在九泉之下，就会开心地跳起来。子孙们，赶紧起来加油嗨！

看到这道家训，少年恍然大悟。

难怪是我。

——因为这位易翰鼎，就是少年的曾祖父。

而这位蠢萌的成名少年，就是大家很熟悉的易中天。

05

突然讲起易中天挤牛奶事儿，是想探讨这样一个问题：

——决定我们人生命运的，都有哪些因素？

人生起点相同，归宿相同，但中间状态的质量大不相同。有人无所事，无所成，徒然空虚寂寞冷；有人有所事，有所成，让人羡慕嫉妒恨。有人来过拼过，哭过笑过，渐至步入人生辉煌；有人挣过斗过，吵过闹过，却是每况愈下，一日不如一日。

造成这种人生差异的原因，究竟是什么？

事业有成的人，习惯把成功归结为自身的努力，但这是真的吗？

06

一个人的成长，正如一粒种子。

能不能破土，能不能发芽，能不能开花结果，长成参天大树，并非是种子自己说了算。

种子如愿成长，至少需要六个因素。

07

种子成长的第一个条件：有水灌溉。

再努力的种子，落到千年干旱的沙漠里，也是没咒可念。

再努力的人，如果生命中没有激情之水滋润，奋斗一番就会心智枯竭，终败于命运的脚下。

生命之水，隐喻的是家族奋斗精神。

有位名家撰文，他遇到家族文化营养不良的成就者，这些人虽然意志果决，但坚冷生硬，失之寒涩。如沙漠中的仙人掌，固是贫乏状况下的生命奇观，但那种顶尖带刺的自我保护，让人看了心疼。

相反，有点家族文化底蕴的人，就轻松多了。

比如易中天看到曾祖父传书后，恍然大悟：原来我是在完成曾祖的遗训，原来我生命中，本就有这种不凡的力量！

不怕熊一个，最怕熊一窝。家族文化的底蕴，是我们成事的必要条件。

08

种子成长的第二个条件，是土壤的松软度。

再好的种子，落在石头上，除腐烂外别无法子可想。但如果是在松软的泥土里，那就有无穷的机会。

这是说家庭的契合度。有些家庭比较宽松，父母开明，宽容蠢萌，允许孩子按自己的特质成长。这样的孩子选择多、有自信，人格更丰盈。

相反，在认知偏狭的家境，纵然孩子有天分，也会横遭羞辱、压制。所以有句话叫高手在民间，许多有特殊能力的人，活在一种屈辱的心境中，就是因为他们成长之时，从未获得过鼓励或支持。

未来时代，世界多元，你所有的天赋与技能，都可以找到用武之地。

重要的是，明白这一点。

09

种子成长的第三个条件——你自己得是颗好种子。

这就是心灵鸡汤不受人待见的原因之一。个人的努力，对你命运的影响只占六分之一。然而同质竞争，价优者胜，把这六分之一的要素把握好，让其权重占到 50% 以上，就可以反过来影响环境。

种子成长的第四个条件，施肥足够。

这是极客观的硬件，就是你家境的经济条件。为什么那些经常出国，见多识广的孩子更容易成功——因为人家经济宽裕，选择多、空间广，纵然一时之间不如意，也有充裕的转圜之机。

穷家孩子却只能孤注一掷，一旦失利，很难东山再起。

是以金钱成为生命不堪承受之重。钱不是万能的，没有钱是万万不能的。这是至理之言，切须铭记。

10

种子成长的第五个条件：随时移除杂草。

杂草和种子争夺营养，长得疯快，遮住阳光夺走雨露，占用你宝贵的时间，消耗你的生命和机会。

杂草是指那些意志颓废的劣友，他们没什么人生目标，你就是他们的目标。他们靠消耗你的人生来获得成就感。他们的日子无聊得很，每天有大把的时间挥霍，但一事无成，他们内心惊恐。唯一的愿望是希望你也够惨，事业无成、人生荒芜，借此获得几分快感。这就是杂草，将其移到稍远一点，不会有坏处。

种子成长的第六个条件，是消灭虫害。

虫害与杂草同属一类，只是更露骨，更直接，更凶残。

虫害是那些伤害我们的人，是心怀恶意的暴力者，如校暴或家暴。

人太脆弱，不堪伤害。对任何有暴力倾向的人敬而远之，保持与家人的联系，及时求助于社会公力，这才是自我保护之道。

11

世界是个奇怪有机体。

多因生多果，多果缘多因。

单因不成果，独果难溯因。

比如一个孩子很优秀，那是多个因素有机化合而成。你非要找出某个决定性特质，就很难学到人家的长处。

比如成事之人，挨过揍、打过人，努力过、放弃过。非要说是哪个因素决定了他的一生，问题本是错，答案是瞎蒙。

最偏狭的思维，莫过于非要在单一因果间画等号，画不上就瞎画一气。这类人说话神秘兮兮，听起来有道理，却只是部分道理。不听好像不对，听了更加别扭。他们把有机的整体孤立成零散的单元，为了支持自己的理论，索性屏蔽异质信息，思维日见狭隘。

——明明是你看错了世界，却说世界欺骗了自己！

12

生命如种子，机缘各不同。

人的成长，是由各因素力量化合而成的。

人生是个整体，诸要素相互牵掣制衡。日常勤思，由点及面，努力让自己的认知浑圆而柔润，不偏狭、不执拗、不赌气、不任性，才是真正的我们自己。

生命之水，环境宽松，自身努力，经济从容，远离劣友，消灭害虫。

这六项因素之中，单独一项很难起到作用，须得汇成一个有机的系统，彼此勾连，相互促成，才能让我们自己及我们的孩子，有着淡静的心、好奇的天性、不懈努力的韧性与矢志追求高质量人生、实现自我价值的强烈内在冲动。

人生要靠自己成全

庄子大哥救救我

01

月白风清夜，总会有人辗转反侧，感怀泪下：

懂得好多道理，却仍然过不好自己的一生。

可道理你既然懂了，怎么会还过不好自己的人生呢？

——因为你，没有把学到的东西内化。

02

内化，是指把学到的道理变成自己的思想，成为自己的思维方式。

认知内化是有规律的，要经历几个阶段。

03

《庄子》书中，有个故事：

有位兄台，乘船渡河。

忽然间，一条船滴溜溜打着转，向兄台的船撞过来。

兄台大喊："喂喂喂，我说那船夫，你有毛病啊？这么大个人你看不见，瞪俩牛眼往上撞……"轰！两船相撞，兄台一屁股坐在水里。

兄台顿时炸了："哎，我这个暴脾气，你竟然敢撞我，老子今天打死你……"

冲过去一看，兄台呆住了。

撞过来的，原来是条空船。

满腔怒火，霎时无影无踪。

你看，生气不生气，取决于撞过来的船上有没有人！

——你的怒火，是针对人的。

——事情不会让你愤怒，不会让你陷入情绪。

——如果你更多的关注事情，就会心平气和，意态从容。

04

学了《庄子》，你陷入沉思。

——思考太投入，不留神闯了红灯。

交警出现："这么大个红灯你看不见吗？驾照拿来。"

"嘿，"你顿时怒了，"敢收老子的驾照，信不信把你打成猪头……庄子咋说的来着？要心平气和，要意态从容。"于是你急忙挤出笑脸，"不好意思，交警哥哥，是我不小心犯了错，你打我骂我都行，那啥……能不能放咱一马？嘿嘿嘿。"

这时又有辆车闯了红灯。

交警截下。

　　　　人生要靠自己成全

那辆车的司机，勃然大怒，大骂交警："你瞎呀，欺负我色盲色弱没驾照是不是？今天我就闯红灯了，你能怎么的吧？有种你来打我呀……"

交警冲你挥了挥手："走，快走。"说罢，拿出笔，给那位暴脾气的家伙开罚单。

你感觉好爽，赶紧冲那个司机说了声"谢谢你的暴脾气，救我于水火……"后开车溜了。

05

闯了红灯，还没有被罚。

全是庄子的智慧。

越想庄子的空船理论越觉得深刻。

——这是认知内化的第一个阶段：

现实案例佐证，让你信之不疑。

06

你回到家，就见女友从门后跳出："人家的生物化学博士答辩，通过了。你要怎样犒劳人家？"

"哇，好开心！"抱起女友转个圈，"带你去吃大餐。"

女友："等等，人家购物车里还有两盒面膜，你先把钱付了。"

"面膜？"你惊呆了，"你刚才说，你拿下的是生物化学博士，是不是？"

女友："是啊。"

你："……你既然学这个，没听说面膜是胶原蛋白，是细菌的培养基吗？虽然没那么夸张，但你也不应该买呀。"

女友：“我不听我不听。”

你：“……咿，怎么闹起情绪来了？来来来，我给你解读一下庄子，你看人家庄子说，情绪这东西，坑人误事啊。”

女友：“你是不是外边有人了？不爱我了？”

你：“……这不是正说面膜的事吗？你扯得太远了。”

女友转身就走：“你去跟庄子过吧。”

“求求你不要走。”你急忙拦住女友，低声下气，“都是我的错，我认错还不行？”

女友：“你说你哪错了？”

你：“我……唉，我就不该读《庄子》，什么空船理论，什么对事不对人，没有人哪来的事儿？从今天起我再也不信这些毒鸡汤了，你要买什么，咱们就买什么，只要开心，咋的都行！”

——这是认知内化的第二个阶段。

——你终于感觉到，任何道理或理论，都有个适用边界。边界之内，通行无阻，出了边界，寸步难行。

07

从此不信毒鸡汤，生活快乐又阳光。

幸福地陪着女友去逛街。

到了商场门口，女友的神色有些奇怪：“你看你身后是什么？”

你扭头：“没什么呀……”再转回来，惊讶地发现，女友趁你扭头的工夫，竟然和一个陌生男人手拉着手，飞速地跑走了。

嗖嗖嗖，噔噔噔。你震惊地看着曾海誓山盟的女友，跟陌生男人越逃越远，心里无限的失落，与悲凉。

被甩了。

再也不相信爱情了。

我本有心向明月，奈何明月照沟渠。落花有意随流水，流水无情恋落花。

天涯何处无芳草，多情却被无情恼。多情自古空遗恨，此恨绵绵无绝期。

真的好悲惨。

跌跌撞撞地，你一个人踏上回家的路。

快到家时，突然接到女友的电话："你在哪里？"

"……还能在哪儿？一个人回家呗。"

女友："你怎么回家了？"

"你跟新男友当我面跑了，我不回家，还能去什么地方？"

女友："新男友？哪来的新男友？"

"不是刚才在商场门口，你跟他手拉手迅速跑远的那个男的吗？"

女友："……你缺心眼呀？哪是什么新男友，那是劫包贼。他抢了我的包，我才拼命追他。我追了他三条街，才把包包抢回来。你你你……你脑子是不是不正常？净想些什么乱七八糟的？回家准备好搓衣板，进门时我要看到你老实地跪在上面。"

呃？不是新男友，是抢包贼？

"这个……"

你忽然又想起庄子。

咿，庄子说的，应该还是对的。

太情绪化，导致判断错误。

暴露出智商不够的短板。

——这是认知内化的第三阶段，经由否定之后，再行肯定。

但仅到这一步远远不够。

你的认知，必须力求破局，否则难逃女友毒手。

第三章　你一努力，就暴露了你智商的不足　　《 181

庄子大哥，救命啊！

08

女友怒气冲冲地回来，发现你竟然大胆地没跪搓衣板。

正趴在桌子上，拿个小本本，鬼鬼祟祟地写些什么。

见女友进来，你慌里慌张地收起来，到处乱藏。

女友怒喝："你偷着写什么？拿来我看。"

"没什么……"你更加慌乱，将小本本举高高，不让女友碰到。

女友猛地一跳，夺过小本本："哼，跟我斗，你还差得远。"

愤怒地打开小本本，只见上面写着——

谁看谁是狗。

狗？呃……女友呆了，你在一边笑得捂肚子坐在地上："哈哈哈，你终于上当了。"

女友哭笑不得，抓起枕头砸过来："你个缺德鬼，还笑人家……"满腔怒气，风吹云散。

求生欲，让你的认知瞬间破局，完成了知识内化的第四个阶段：

——你终于明白了，庄子讲那个故事，不是被人家的船撞了，还忍气吞声。压抑情绪委屈自己，明明阿Q精神，非说岁月静好。

——庄子的本义，是让你做条空船！

——以巧妙的、不激起对方负面情绪的方式，撞开别人的心！

09

道理内化，构成你的思想与认知，至少经由四个阶段：

第一个阶段：看山是山，看水是水。

人家说什么，你都信。

只是浅层次的认知，没有经过反证的锤炼。

当你遇到反证，就进入了第二个阶段：

看山不是山，看水不是水。

终于感觉到，道理和构成道理的文字，似乎与现实的尺寸合不上。编个鸡汤故事，道理貌似成立，拿到现实中，却处处碰壁。

——当你否定了道理，现实却会给你重重一击。

于是进入认知内化的第三个阶段：

看山还是山，看水还是水。

——只不过这时候的山水，是动态的、鲜活的、透出无尽灵气的。

认知的灵气，让你思维空明，进入到知识内化的第四个阶段：

——你就是别人的山，别人的水！

要有山的敦厚，也要有水的灵秀。

原则问题、人生志向，如山不移。

工作生活、交际家庭，遵循水的法则，灵动百变。

10

一样米，养百样人。

同样的饮食，养出来的每个人，体质天差地远。

同样的学习，同样的知识与原理，却让同窗拉开越来越远的距离。

——只是因为我们每个人消化吸收的能力，有天壤之别。

那些内化能力不足的人，被称为食古不化。他们学得满腹经纶，但是缺乏实践能力。就是因为他们不知道，知识内化要经过四个阶段，先是肯定，而后否定，否定之后再行肯定，二次肯定之后，破局与自我认知相融合。

有人在第一个阶段，听什么就信什么，鹦鹉学舌般说着自己根本不明白的道理。有人经历过挫折，进入第二个阶段，认为大道理全都是骗人的鬼话。除非你能够再一次的否定自己，否则就会停滞不前。

我们的认知就是这样，虽然真正有价值的思想就摆在我们面前，但必须经过一次又一次的自我否定，才会让自己彻悟规律与道理，明了世相法则。这个过程最需要的是自我怀疑的态度与自我否定的勇气。有了这些，认知破局不过是须臾之间。缺少这些，我们就会于昏晦之中，走过漫长的路。就让我们鼓起勇气，敞开心扉，如柏拉图所说：智慧在我们每个人的心中，只有当你肯拂去冥顽的执拗，才会迎来认知上的阶层跨越。

第四章

这世界，待你的确有失公道

广场舞大妈又一次打败了你

01

曾有一条爆炸消息：阿里招聘资深产品体验师，要求年龄在60岁以上，学历不限，工作背景不限。有稳定的中老年群体圈子，在群体中有较人影响力，广场舞KOL（意见领袖）、社区居委会成员优先。

意不意外？惊不惊喜？

野百合也有春天，广场舞也能上天！

你离60岁还差几年？

抓紧时间练广场舞吧，留给你的时间不多了。

02

这世界，对一些人来说，始终是充满着机会，充满着意外和惊喜。

——但这只是对一些人来说。

对另外一些人，情况好像就不大乐观。

人生要靠自己成全

03

唐山市政府做了件好事：取消了当地的路桥收费站。

收费站，堪称是中国交通的动脉瘤，堵塞交通，加升运营成本，阻碍了各地经济的发展。

取消收费站，利国利民利长远，利于交通利发展。可以说是各方多赢。

这么好的事儿，却有人反对。

是谁呀？

打破你脑壳，你也想不到——是收费站的工作人员。

04

网上有个视频，收费站取消后，人社局按照《劳动法》给予了相关人员以经济补偿。但此前的收费站人员并不满意。他们找到领导，要求政府解决工作。

有位收费站的大姐说："我今年36，我的青春都交给收费了，我现在啥也不会，学东西也慢了，也没人喜欢我们，我也学不了什么东西了……"

领导上鸡汤："每个年龄，都有每个年龄的优势。"

收费站工作人员："我们的优势都放在收费站了。"

"你这……以这种心态要求工作，真是太愁人了。"

别人找工作，是努力证明自己多么能干、多么优秀。她在努力证明自己多么颓废，多么不求上进。

才36岁，这么好的年华，却说自己什么也不会。此犹罢了，现在什么也不会，那是以前不肯学。但失之东隅，收之桑榆，现在开始学总不晚吧？

好歹有年薪 40 万的广场舞大妈在这儿托底呢。

可是他们提早就把自己的生路堵死：我也学不了什么东西了。

那么的难为自己，此前不肯学，现在不肯学，只是为了表明一个坚决的态度：

拒绝改变！

拒绝成长！

05

拒绝成长之人，这世上真的有哦。

话说 1970 年的某天，印度德里火车站贵宾室突然闯进来一个凶凶的女人，带着仆人、孩子，把贵宾们全赶了出去，占领了贵宾室。

这妹子是谁呀，这么凶？

有胆儿肥的上前打听，得知这妹妹可有来头，人家乃莫卧儿王朝的维拉亚特·玛哈公主是也。

哎哟，公主来了，那赶紧……

等等，这个莫卧儿王朝，是什么时候的事儿？

莫卧儿王朝，印度真有这么个朝代——但在公元 1857 年就覆亡了。

这玩笑可开大了，都灭亡了一百多年的王朝，怎么会跑出个公主来？

——虽然王朝灭亡了，但王族世系根本不认。他们仍然认为自己是国王，是王子或公主，认为别人全都是贱民，连看他们一眼的资格都没有。

占领火车站的公主，此来是反攻倒算，要求恢复她的王朝和权力。

印度当局满脸懵，莫卧儿王朝早成古久的历史，你还想骑在印度人民头上作威作福，让印度人民再吃二遍苦、受二茬罪？这好像不大可能。

当局下令：把这个妹子赶出火车站。

188 »　　　　　　人生要靠自己成全

可万万没想到，玛哈公主既然敢来，就早有胜算。但见她掏出可能是毒药的饮品：如果不答应她的条件，那她就死给你看。

"……别，有话慢慢说，千万别……"当局傻眼了。

06

爱笑的姑娘运气好，会闹的公主有宫殿。

当局闹不过玛哈公主，屈膝妥协，真的给了她座宫殿。

但这座宫殿，实际上是座 14 世纪古城堡遗址，缺水没电，没米没面，居于荒林，远离人烟。但是玛哈公主好开心，带着女儿、儿子，还有仆人住进去了。

但住了段时间，仆人就顶不住了。这里哪是什么宫殿？不过是座流放的冷狱，就纷纷逃走了。

只剩下母子三人。

印度当局不放心，派人来询问："喂，玛哈公主，要不要换到城区，住进通水通电的公寓？"

"滚！"玛哈公主断然拒绝，"想让尊贵的我与贱民住在一起？这是对本公主的羞辱。"

那就算了吧。

就这样与世隔绝。

忽然有天记者跑来看稀奇，惊发现玛哈公主和大女儿，因为受不了孤寂，抑郁不堪都自杀了。

整座荒堡就只剩下玛哈公主的儿子——阿里·拉尼王子。

那么王子殿下，他该回返人间了吧？

王子说："才不！"

07

莫卧儿王朝最后的王子说："我失去了妈妈和姐姐，但如果你们想让我去跟凡人住在一起，还不如让我去死！高贵如我，始终牢记莫卧儿王朝的铭训，不向贱民低头。"

……没办法，那你就一个人在这里高贵吧。

从此王子独居荒林，不跟人说话，也不出门。直到有一天，被人发现他孤零零地死于荒堡之中。

这是印度最后一位王子的故事。

他信守的东西，比如平民是贱民，连看他一眼都是肮脏的。这离奇的观念，可能印度人能听懂半点，但对于我们中国人来说，实在太荒谬了。

守着这些奇怪的观念而死，那是他的选择。

——但是人，难道不应该顺应时代而进步吗？

08

我们一生在成长。

20 岁时学的知识，30 岁时就要更新换代，40 岁以人性的认知来迭代，50 岁时再迭代于浑圆的智慧，60 岁以后以为没价值了，那就自得其乐跳个广场舞吧，居然还有 35 万到 40 万的年薪可拿。

这才是正常的人生。

最恐惧的莫过于成长停滞。

如印度的玛哈公主和阿里王子，他们的心智停滞在婴儿时期，以为只要足够倔强，世界就会让步。正如唐山收费的大姐，以为只要自己拒绝成长，世界就得为她改变规则。但即使他们自己也清楚，为她的选择买单的，只会是自己。

正如同一个满面于思的大叔，牛高马大，智力正常，有手有脚，却非要躺在婴儿床上，让爸妈给自己换尿布。这种心智退缩，只是欠揍而已。

我们为什么喜欢一个人？

——那是因为这个人，带给我们想象、期望和可能。

而一个拒绝成长、心智退缩之人，只会如印度的阿里王子，一个人停留在绝望的黑暗之中。

09

人世间至可怕事件，莫过于年轻人想要稳定。

这世界本不稳定，你的成长也不稳定，偏要与整个世界对抗，与自己的心对抗，这种背离事物发展规律的心态，是病，得治。

如何治疗呢？

一是我们要知道，哪怕60岁，人生也不过是刚刚开始，千万不可有"这辈子就这样了"的想法。20岁不努力，30岁后悔；30岁不学习，40岁后悔；40岁、50岁放弃自我，等到60岁时，人家拿高薪发挥余热，回望你这一辈子只有死灰余烬，这是何必？

二是拓展思维认知，跟不同的人交流，听听不同的观点。如果你听到某些观点就厌恶，那就是心智老化的症状，得抓紧了。

三是要有个人生目标，爱因斯坦年轻时也是个收税员，可是他一边收税，一边"不务正业"地完成了学术论文。你万不可蹲在稳定的位置荒废自己，别为别人献出青春，你的青春只属于自己。

四是爱自己，知道不懈成长的自己，才是最美丽的。一旦你瘫倒在地，就沦为大块的熊孩子，只会让人厌憎。

五是热爱生命，永葆好奇心。别害怕变化，这世界每一点的改变，都意味着机会。年纪轻轻就蜷缩于认知舒适区，只是跟自己纠结怄气。你现在的机会，是早年的成长带来的。你如今的困境，是放弃成长导致的。如何选择，这应该没有疑问。

10

不是每个大爷大妈都会拿到 40 万。

只有那些不认命、肯折腾、连跳个广场舞都要把自己弄成意见领袖的人，只有那些不断挑战自我、接受成长的人，才会获得机会。

机会总是留给有准备的人。

留给从不放弃成长的人。

——放弃自我成长，于时代的风潮中让自己成为化石的人，他们此前不曾得到过机会，此后也不会有。

——放弃成长的人，从未有过青春。青春是激情，是狂烈，是挑战，是改变。那些把头缩入壳中，一意追求安稳的人，永远不会理解青春的含义。

机会只在青春期。无论年龄多大，只要仍然满怀希望、满怀信心，只要不停地寻找突破，不停地扩张自我认知，不断地打破稳定边界，这就是始终迎来机会的人。青春没有年龄限制，有些人 20 岁就死了，80 岁才埋掉。有些人 80 岁了，仍然散发着夺人的青春魅力，只是因为他们的心，不僵化不封闭，永远拥抱变化、拥抱机遇。

都说退一步海阔天空，可你能往哪儿退

01

电梯里，一对父子在对话。

父亲："告诉过你的，气性不要这么大。不要动不动就和人吵，这样下去会吃大亏的。忍得一时气，可免百日羞。退一步，海阔天空……"

年轻人打断父亲："你退一步，别人进一步。你越退空间越窄，人家越进越得理不饶人。你在单位退一步，升职加薪的机会就没了。邻里关系退一步，对门家的酸菜缸直接怼到你门口。这辈子你吃忍让的亏还少吗？也好意思教训我？"

"你……呃……"父亲气得翻白眼。

这叫代沟。

——两代人的认知，完全不同。

02

退一步海阔天空，越来越没市场了。

时代变了，风气变了。社会偕同法则，变了。

有个美国小朋友，叫戴维。个子矮，体力弱，在学校里被结实健壮的杰克天天打得鼻青脸肿。

面对弱鸡一样的儿子，戴维妈妈好发愁，就想了个办法，精心制作了只美味蛋糕，让戴维带到学校送给汤姆。

——打不过人家，就只能示好求和。

等戴维从学校回来，脸肿得更厉害。

妈妈惊诧地问："戴维，不是让你把蛋糕送给汤姆的吗？"

"蛋糕送了。"戴维哭道，"可是汤姆嫌太少，所以狠打了我一顿。"

——这个故事，堪称是退一步海阔天空的经典反例。

03

戴维退一步，并没有海阔天空。

汤姆进一步，继续压着戴维打。

戴维妈妈试图用蛋糕收买汤姆，等于给汤姆一个明确的信号——往死里揍戴维，打得越狠，蛋糕越多。

你退我进，此消彼长——这是常识。

既然是常识，我们的先祖怎么会说出退一步海阔天空这种话来？

04

退一步海阔天空。

——不是让我们遭遇伤害之时忍气吞声。

——而是在麻烦到来之前，以娴熟浑圆的智慧，将其消弭于无形。

05

先祖认为，我们是极聪明的，会一眼看穿对方的矫饰，看到客观事态。

——然后我们就会针对事态本身，发表看法观点。

比如有个聚会，青年男女们边吃边聊。有个丰满妹子，大快朵颐，豪爽地吃了一碗又一碗。

对面一位老兄看不下去了，说："行了吧，妹子，你已经吃到八碗饭了，这么能吃，怪不得这么胖。"

妹子又盛了一碗饭，笑道："我的胖，是暂时的。而你的丑和矮，却是终生的。"

"你……"对面的老兄自取其辱，无词以对。

06

古人认为，现实有牙齿，是会咬人的。

人心脆弱，极易受到现实的伤害。

比如饭桌上的妹子，确实……不太骨感。这是事实。

事实归事实，但这属于个人的特质，针对此发表言论，是缺少教养的表现——因为没人喜欢被评头论足。

乱讲话的老兄，因此而遭到妹子的犀利还击。

——所以面对讨厌的事实，我们要退一步，针对对方脆弱的心，采取安抚之策。

07

退一步，海阔天空，是让我们从易于对他人造成伤害的事实，退到抚慰对方情绪的位置。

留有余地，方便转圜。

网上有个女孩，讲述她那体贴的妈妈。

女孩小时相貌普通，因此情绪低落，内心自卑。有天她心理压力过大，哭着对妈妈说："妈妈，为什么我长这么丑？"

"丑？"妈妈笑了，"宝贝女儿，你见过毛毛虫吗？毛毛虫都是极丑的，可当毛毛虫长大，变成漫天飞舞的蝴蝶，你才知道什么叫惊艳之美。虽然我的女儿已很美，但随着你的成长，你会发现自己越来越美丽。"

就这一句话，让女儿恢复了自信。

——然后，就给学校的男神写情书。

——然后，被人家无情地拒绝了。

妈妈得知这件事后，专门为女儿炒了几道菜，说道："宝贝女儿，他不接受你，那是你的幸运。因为他太自卑了，知道自己长太丑，根本配不上你。不信的话，等我女儿考入大学，出落得蝴蝶一样迷人之时，他准保后悔得痛哭成狗。"

……嘿，听妈妈这样说，女儿想沮丧都难。

——这就是退一步说话。

——从事件本身，退到关切安抚上来，这才是化解积淤，解决问题的最好法子。

08

退一步，固然是海阔天空。

但人生有退必有进。

何时该进？

何时又该退？

09

自己的事儿，能力进一步，评价退一步。

男生宿舍里，有个家伙正在健身，各种秀肌肉。

对面铺位的室友，挑衅地问道："喂，那位健人，杠铃会举吧？"

"健人"……这是个什么怪称呼？健身者哭笑不得："还行。"

对面室友："能举多少？"

健身者："……10下左右吧？"

室友："吹牛！"

健身者没吭声。

室友："那单手呢？单手你能举几下？"

健身者："七八个吧。"

室友："不吹牛你会死吗？如果你单手能举5下，洗手间里的便便，我全吃下去。"

你要吃便便……真拿你没办法。健身者无奈，只好单手举杠铃，一下，两下，三下……轻松自如。

举到第四下，对面的铺友脸色有点惨。

再举到第五下，他就要去洗手间……饱餐一顿了。

可这时候，健身者放下杠铃，说："累了，举不动了。"

寝室中的同学，谁也没说话。但打心眼里对健身者钦服敬佩。

——做人留一线，日后好相见。

——能单手举七八下杠铃，这叫能力进一步。

——能举5下，却不做足，给对方留点颜面，这叫评价退一步。

让人钦服，而不是让人难堪。这就是做人的境界。

10

别人的事儿，能力退一步，评价进一步。

有个老板自述，初中时他不学好，成绩极差，经常躲在厕所里偷偷抽烟。

有天，他正在蹲坑上喷云吐雾，忽然间班主任进来了。

当时他手上夹着烟，傻傻地看着班主任，呆在了那里。

班主任却若无其事地走过来，掏出包黄鹤楼："呐，来抽抽这个。"

……呃，班主任，竟然在厕所教孩子学抽烟？

这样真的好吗？

他脑子有点木，机械地接过来。

班主任替他点上："味道怎么样？"

他："……好烟就是好抽。"

"对喽。"班主任叹道，"你虽然调皮，老师我懂你。你这货，绝对不是一辈子抽劣烟的人！以后事业有成，记住每年送老师两条好烟。"

真的吗？班主任一言，如往汽油桶里丢了枚燃烧的火柴，让他的心霎时充满希望。

此后他默默努力努力，事业渐有起色，依诺言每年去探望班主任。

——明明他的行为顽劣不堪。

——但班主任，对他的要求上退了一步，而对他的评价，充满期许。

最终成就了他，才让他感激终生。

11

退一步，海阔天空，是让我们获得一种不引发对抗的处世方法。

自己的事儿，要进一步要求。

别人的事儿，要退一步要求。

对自我的评价，高标准严要求。

对别人的评价，适度放宽放松。

想要做到这些，无非是如这篇文章所展示的五步而已：

一是寻找反例，推翻既定结论。

二是寻找证例，证明道理的适用性。

三是结合证例与反例，确定知识或道理的适用边界。

四是锁定边界，导出道理的最终目标。

五是从目标返回，将初始道理细化，咀嚼、细咽，然后与我们人生实践相融合，与我们的认知观念交汇，最终彻底吸收，优化我们的思维。这样才是让道理与知识由外而内，再由内而外，从学习到实践的完整过程。

当你参透了这种能力，就能够说话有分寸，做事有尺度。这种情况下，轻易不会遇到合作破裂，被人家得寸进尺，压着你打的悲惨局面。即使遇到，你此时也绝非孤身一人，总有人支持你、力挺你，你还怕啥呀？

12

先哲训言，是字字珠玑。

——只是失之粗糙。

如果单纯地从字面上理解，把退一步海阔天空，理解成凡事忍让，这就表错了情，这叫食古不化——道理懂得虽多，却消化不良，吸收不足——最终让自己成为机械论者，说啥啥都懂，做啥啥不成。

食古不化，单纯从字面上理解道理的人，犹如随身背着沉重的工具箱，钳子、扳手、螺丝刀一应俱全，却不知如何使用。该用钳子你上扳手，该用扳手你上螺丝刀，往往问题无法解决，反而弄到一团糟。

知识的内化，远比学习本身更重要。

退一步，海阔天空。对自己要求再高点，对别人要求再低点。对自我评价再低点，对别人评价再高点。听着容易，做着艰难，只是因为道理游离于我们的思维之外，并非是我们的认知自身。不要放过那些粗浅直白的大道理，越粗浅、越直白，越有可能切中我们认知的盲点。必须学会扫除盲区，才会胸中有丘壑，才会有风光霁月与顺风顺水的事业人生。

别让过剩的自尊害了你

01

看到句好玩的话：这个世界不属于80后，也不属于90后，更不属于00后。

那属于谁呢？

属于——脸皮厚！

哈哈哈。

笑完了，咱们说正事。

——人和人的区别，究竟在哪里？

02

2016年6月，美国著名教育、认知心理学专家杰罗姆·布鲁纳去世。

教授生前，曾有过一个很耗时间的研究。他搜集近百个名家案例，给这些学术有成的人士详列简历，查出名人们的小学名录。

然后派了研究生，去这些地方寻访当年与名家同窗的人。让这些人回忆当年。

结果发现，在这些幼年同学的追溯中，对名家的记忆并不深刻。也就是说，名家们在读书时，并不是班级里最聪明的，最多只排到中等。

接下来，按名家同学的回忆，再去寻找当年最聪明的学生，却发现那些人，有极高的比例并不出色，甚至许多人终其一生，还未摆脱迷茫困苦。

小时了了，大未必佳。

何以如此？

03

我有个朋友，在高校任职，曾讲过他的一个笨学友。

这个笨学友，脑子不是太够用。每天抱着书本苦读，也读不明白。

读不明白怎么办呢？

笨学友想出来个奇招，每次上课前，他一定主动上前，替老师奉上杯茶水。同学们都笑话他，他却不为所动，居然坚持了整整四年。

到得毕业，大家心里都有数，按这老兄的智力，似乎不太可能毕业。但他为老师们奉茶四载，每个老师都熟悉他，张口就能叫出他的名字。所以，在他的成绩方面，老师们会不会手软了点呢？

不好说，总之人家顺利毕业了。

毕业之后，这老兄找到个安稳工作，娶妻，生子，业余兼职电商，收入多少大家不清楚，反正人家买得起市区最好的楼房。

相比于他，那些自诩智力优越的学友们，有才有能，却处处碰壁，就是搞不过他的厚脸皮，这多让人上火？

04

教育学家耳提面命，决定人生成就的，不是智力。

而是坚持。

拼的就是皮厚。

比如说，许多聪明人，脑子够用思维敏捷，但就是脸皮太薄。做事时如果一次不见效，就失去了坚持的勇气。又或者是，有时候他们也鼓励自己要坚持，可是听到旁边人的嘲笑，就立即两眼发黑全身酥软，再也坚持不下去了。

为什么会这样呢？

心理学家告诉我们，这个事儿还真怪不了我们自己，脸皮厚或脸皮薄，是由每个人的心理结构决定的。有些人天生就是脸皮厚，蒸不熟煮不烂，扎一锥子不出血，滚刀肉一块。这种人一旦铆上事业，那就是西瓜皮擦屁股，没完没了，不把你搞到前仰后合，吱哇乱叫，不搞出点名堂来，这事不算完。

而脸皮薄之人，麻烦可就大了。这类人闲来无事，还老是觉得大家都在盯着自己看，恨不能挖个洞把自己藏起来。倘做起事业，更感觉人人都盯着自己，如芒在背，窘迫异常。事业纵然是一帆风顺，他们都备感难堪，倘事业有点波折，就更是无地自容。

人和人，就是这样拉开了档次。

05

厚皮族对失败无感，对他人的异样眼光无感，所以他们总是一往无前。一旦走对了路，就可能捞到盆满钵满。

薄皮族就惨了些，最怕人看，最怕人说，却又时刻渴望着周边环境的认可。最要命的是他们的心理感受太强烈，遇到挫折时，就会产生真切的肉体剧痛。这种疼是真实存在的，不是什么玻璃心，所以他们的事业，就变得异常艰难。

然则，厚皮族与薄皮族的心理结构，又有何区别？

06

假如两个智力等同的人，思考问题时思维的关注总量是个常数。

比如这个常数是 10。

那么厚皮族思考问题时，高于 9 分只关注问题本身，剩下来的不到 1 分，才能照顾一下身边人的情绪。

而薄皮族呢，他们在思考时，大概有 9 分放在别人的反应上，留给问题的还不到 1 分。

当遭遇到外界的冷嘲热讽时，厚皮人士感受到的伤害，低于 1 分。而薄皮人士承受到的心理伤害，却高于 9 分。这就意味着，同样的环境，薄皮人士遭遇到的伤害，比厚皮族高 9 倍。

据心理学家测算，当厚皮人士与薄皮人士，同时遭受到凶凶的拒绝，厚皮人士受到的伤害，不比你照犀牛屁股上拍一巴掌更多。而薄皮人士的感受，却如砍掉一条手臂那般的强烈剧痛。

所以，当我们身边有些朋友，总是在挫折面前感受到伤害时，千万不要轻率地指责他们不肯坚持。

他们不是不想坚持。

只是真的疼。

07

如你所知，这个世界，真的属于厚脸皮的。

随便翻开一本书，你会发现，古往今来成事之人，无一不是皮厚之人。

说好听点，也可以叫毅力，叫坚持。但说到底，就是比拼皮厚度而已。

——人生比拼的，是对他人关注的忍耐力。

比如说楚汉年间，刘邦与项羽并争天下。此二人者，刘邦是出了名的厚皮族，他与项羽之战，几乎是交手必败。但他败而不馁，无非是撒丫子狂奔，能逃多远就逃多远，才不理会吃瓜群众那惊诧的眼神儿。

而项羽呢，却是个典型薄皮族。他甚至创造了个薄皮大馅的成语：衣锦还乡。

项羽说：富贵不还乡，犹如衣锦夜行。意思是说，我之所以要干出点名堂，就是给人看的。可见他的思考范畴里，他人的认可才是最重要的。所以项羽赢得起输不起，他赢了那么多场，只输了乌江一次。人家劝他再抢救一下，江东子弟多才俊，卷土重来未可知。可是项羽说啥也不干，因为他无法接受世人讥讽的眼光，所以果断抹了脖子。

历史或现实，都是这样——

一旦你认输，自动退出比赛，厚皮族人士就赢定了。

所以，这世界搞来搞去，赢家一水的厚脸皮，薄皮人士纵满腹幽怨，也没处说理。

08

要想让自己有更强的毅力、更坚韧的勇气，最好学着调整自己的心理结构。

美国心理学家德威克,花了十年时间,对400名小学生做实验。结果表明,决定孩子人生未来的,不是智力,而是孩子们的世界观。

——有些孩子,世界观如块石头,认为人生的许多东西是固定的,比如说才能或智力。一旦孩子的世界观固化,就很容易放弃努力。

——另外一些孩子,世界观却像团胶泥,是变化可塑的。既然一切都不确定,人当然可以在学习中成长,所以他们更关注事件本身,会有更多的尝试。

世界观固化的孩子,很大可能会成为薄皮人士。这是因为他们既然已经认定自己智力固化,理所当然的不再关注结果,而是更关注于他人的视线,陷入他人对自我的沮丧评价之中。

世界观胶皮化的孩子,会很容易走向厚皮界。横竖一切都未确定,那就多给自己几次机会学习、成长,哪怕如刘邦那样失败无数次,只要有一次把薄皮对手如项羽,挤兑得自行退出比赛,那就赢定了。

09

所以,优化我们自身的起点,要从世界观开始。

接受一个变化的、不确定的世界。

这世上,真的没有什么是一成不变的。

漫画家几米说:我遇到猫在潜水,我遇到狗在攀岩,我遇到夏天飘雪,我遇到冬天刮台风,我遇到猪都学会结网了,却没遇到你。

为什么没有遇到你?

——因为几米在描述一个完全不确定的世界,而你,却生活在固定的观念之中。

　　　　人生要靠自己成全

放弃一切既成的观念。

今天的你，与昨天完全不一样。与十年前不一样，与十年后，更不一样。

接受变化，倾注学习与成长。

除此之外，别无意义。

10

人生需要尊严。

但，别让过剩的自尊害了你。

自尊只有一种，于红尘凡界行走多年，蓦然回首，发现自己的青春没有虚度，生命没有浪费，始终在学习，始终在成长，一天比一天优秀，一天比一天自由。当他回首往事的时候，不会因为虚度年华而悔恨，也不会因为碌碌无为而愧疚。任何时候他都可以说：我已把自己整个的生命和全部的精力献给了世界上最壮丽的事业——解放自己，让整个人类获得自由！

除此之外，在别人目光中的纠结与苦痛，并非自尊，而是认知扭曲的迷障。

所以，我们需要一个更优美的思维结构，在以变化的、不确定的世界观为基础系统，运行学习式的、成长式的人生观。再上一层的价值观，就是我们日常的行为模式，毅力、坚忍，百折不挠的柔韧与弹性，在冷言风语中的无动于衷与不断尝试。不理会别人的劣评，也不把劣评加之于别人。

爱在心里，微笑前行。这世界或许不属于我们，但我们一定会属于自己，属于快乐与自由。

这世界，待你的确有失公道

01

很久以前，有个令人震撼的电影情节。

一个善良男孩跟老师走在街上，遇到个乞丐。

男孩立即掏钱，双手捧给乞丐。

老师见到，哭了："善良的孩子，老师的妈妈最近病了，需要钱哦。"

孩子急忙掏钱，递给老师。

老师接过钱："对了，老师的姐姐，最近也病了，还需要钱。"

孩子再掏。

老师接过钱："还有，老师的弟弟也有病。"

孩子一咬牙，把所的钱，全给了老师。

但是老师说："这远远不够哦，老师隔壁的妹子也病了，需要更多更多的钱。"

孩子："……可我已经没钱咧。"

老师："孩子，你终于明白了。如果你只关注于单独的个体，是永远也拯救不完的。你必须从社会规则方面着手，让规则更公正，才能帮助更多的人。"

孩子恍然大悟。

02

还有部电影：《辛德勒的名单》。

二战时期，希特勒疯狂屠杀犹太人。

德国企业家辛德勒没有能力阻止，但他倾家荡产，创办企业，雇用了1200名犹太员工，避免他们遭到杀害。

辛德勒说：拯救了一个，就拯救了世界。

这里有两部电影，但理念完全相反。

哪个对呢？

——理论、体系或观念，都是我们对客观世界的反映。只有程度的把握，没有对错可言。

孔子曾曰：我们做圣人的，很牛吗？不，我们也是两眼一抹黑。遇到困惑时，我们不怀偏见，从两侧包抄问题，叩其两端，直至逼近真理的本原。

——所以，世界上只要有一个观念或理论，就一定还有个相反的。

——便于我们双向夹击，叩其两端而问之。

——前一部电影，是社会认知体系，关注规则的公正性。

——《辛德勒的名单》，是个人视角认知，关注的是个体能动性。

两个理论相互弥补、相互填充，如一枚硬币的正面和反面。

一个都不能少。

03

还有部德国老电影，叫《替天行道三人行》。

演的是三个年轻人，认为社会规则极不公正，决意反抗。

怎么个反抗法呢？

敢玩暴力，分分钟抓了你。

于是三人就玩起了躲猫猫游戏，他们趁富人不在家时，闯入宅中。什么东西也不拿，只是把家具挪个位置，再留张纸条：好日子到头了！

三人这样做，是想警告有钱人，既然我们可以无形无影地闯入你家，也能够灭了你。奉劝你别再为富不仁，再敢以不公正规则强加于穷人，你的良心不疼吗？

有次三人闯入一户人家，恰好业主回来了。

没办法，只能把他抓走。

三人绑走有钱阔佬，将他带到隐秘处，并对其进行政治思想教育。

这一教育不打紧，三人大吃了一惊。

——原来，这位有钱阔佬，是他们的"祖宗"！

这位阔佬，年轻时也和他们一样，信奉规则的绝对性，认为一些人的苦难是另外一些人造成的，只要灭了制造苦难的人，世界就幸福了。

但随着年岁的增长，这老兄越来越感觉什么地方不对。

的确，有些苦难是他人造成的。

——可也有些人的处境，都怪他们自己太颓废，不争气。

所以，这老兄从社会视角转向个人视角，认识到不能把所有问题都归于外界。于是发愤努力，终于有了钱——成为此前他最讨厌的阔佬。

人生要靠自己成全

04

影片中，转型的阔佬和尚未开始转型的三个年轻人展开了激烈争辩。

观众瞪圆了眼珠子听，越听越蒙圈。

——听阔佬说，有道理耶，他的钱都是自己努力赚来的，没抢谁没夺谁，凭什么人家有钱就是错呀，对不对？

——听年轻人说，也有道理呀。年轻人能力不缺本事也有，为啥老是弄不到钱？都怪阔佬太精明，规则不公平，才让年轻人付出的多得到的少，凭什么？

咦，这事就奇怪了。

明明是两个针锋相对的观点，怎么会都有道理呢？

——已经说过了，社会视角与个人视角，是一枚硬币的两面，有了正面才有背面，有了背面才有正面，你说正面和反面哪个对？

只有程度，没有对错。

05

人类所有的思想体系，都是由观念构成的。

观念这种东西，贼奇怪——特点是：浑然天成，自圆其说。自证自明，自然而成。

周国平老师讲过一个故事：有位兄台向朋友借了笔钱，过了几天，朋友催其还钱。

兄台怒发冲冠："这才几天呀，就迫不及待了，朋友是这么做的吗？"

朋友感觉好羞愧，就没好意思硬要。

过了好久，朋友遇到难处，不得不再来找兄台，催其还债。

兄台震惊至极："多早以前的事了？还记得这么清楚，朋友是这么做的吗？"

朋友好羞愧，不好再提了。

但兄台愈发愤怒，宣布道："你如此计较，全无半点朋友情义，我怎么就瞎了眼，与你这种败类为友？

"你走，别再让我看到你！

"绝交！"

……看看这事儿，明明是兄台借人家钱不还，可让他一说，居然全是他的理。反倒是热心借他钱的朋友，被他说成无赖了。

为什么会这样？

——因为，借钱不还的兄台论证时引用的证据，全都是自己的主观观念。

——说过了，观念无所谓对错，总是浑然天成、自圆其说。

06

一旦我们陷入观念之中，就会越想越觉得自己对。

英国大哲学家罗素说：一个人，一旦认为自己遭受了不公正对待，这种观念就会形成习惯。

等到他进入社会时，就会努力搜寻侵害他的不公正。

如果真有，会被他第一时间发现、找到，并放大。

如果没有——他就会用想象来创造！

认知观念及一切理论体系，都是人们用想象创造出来的。

——如果认知与体系，与现实贴边靠谱，那就接近于正确，可以指导我们的人生实践。

——如果认知和体系，不是那么靠谱，就成了无根据的臆想。

所谓智慧，就是从臆想的观念中走出来，回到现实。

那么我们到底该如何看待世界？

——或者说，如何看待个人的努力奋斗及规则公平呢？

美国心理学大师马丁·塞利格曼说：最重要的，是不要有受害者思想，不可把自身的处境，全归因于外界。

07

塞利格曼有个著名的人生成就公式：

人生成就＝先天遗传＋后天环境＋能主动控制的心理力量（H=S+C+V）

——造成我们最终人生差别的，是主动控制的心理力量。

同是控制，目标不同，结果就会完全不同。

——有人会努力控制自己，知道人的智商并非是恒定的，会随着主动性的学习不断升高。数据表明，主动学习一年，智商增长不低于 3 个点。哪怕你生下来时，智商只有 70，主动学习 20 年，智商就会飙升到 130，足以击败世上 96.5% 的人口。但仅有智商还不够用，还需要更全面的能力。

——有人会努力控制别人，总认为环境待他们不公，但当他们忙碌了一圈后发现，并非是环境待他们不公，而是人性待他们不公。他们可能会因为不喜欢某个人，将之删除或拉黑，但马上，他们就会发现一些更让他们讨厌的人又冒出来了。折腾到最后他们发现，自己的智商没变，环境也没变，一切都没变。

说过了，个人视角与社会视角，两种认知体系，是一枚硬币的两面。

都有道理，缺一不可。

个人视角的人，必须从闷头努力中抬起眼，知道自己努力的目标，是改善环境，境随心转。

社会视角的人，必须回到自己的内心。如果你想获得更公正的社会规则，至少要让自己具备更强大的能力、更多的话语权。失去这些，你得到的只有怨怼与愤恨，丝毫无补于自己和社会。

08

同样的智力，同样的环境，但拉开人生距离的，是不一样的主动控制的心理力量。

一个孩子生下来，父母的成就，就构成他的成长平台与起始状态。

如果这个孩子的主动控制力量是正数，是积极的、进取的、高歌猛进的，那么他就会利用现有资源努力更上一层楼。

如果这孩子比较熊，人生观念是醉生梦死的，心理控制力量是个负值，消极的、颓废的、不思进取的，那么他就会不断消耗资源，越来越不堪。

前者，有望获得境随心转的境界。

后者，却难以摆脱心随境转的窘局。

如何廓清认知，应该如何选择，是每个人终生面对的课题。此时的选择最忌极端。如果只关注自己，无视他人，就会误入能力越强阻力越大的恶性循环。又或是自身处处不堪，却不自量力地想要改变别人，更不可能有效果。必须把握人性的角度，在让自己不断变得优秀的同时，也能够激活身边人的合作意识，这样才能达到优化自我，优化环境，逐步弥漫，最终让整体环境越来越好，也让我们心里的安全感越来越强，越来越开心，越来越快乐。

你熬了这么多夜，还不是不幸福

01

读书时，老师曾讲过个故事。

有位学者，带学生周游世界，遍察各国教育优劣。

去英国，发现英国的教科书，通篇只有一句话：英国最伟大。

去法国，发现法国的教科书，也只不过一句话：法国最伟大。

再去其他国家，情形一样，各个国家的教科书，都说自己最伟大，别的国家又笨又差。

走的国家越多，学生越是困惑。终于有一天，学生把问题问出来："老师，这各家说法都不一样，我们到底该信谁呢？"

学者诧异地看着学生："你有病呀？问出这么 low 的问题？"

"你走，别再让我看到你！"

——教育的目的，不是为了让你变蠢。

——不是让你简单地相信什么。

——而是教你学会用自己的脑袋瓜子思考！

02

哲人说：人类一思考，上帝就发笑。

——可如果你不思考，上帝的牙都会笑掉。

网络上有个段子，有个瘦子坐飞机，选了靠窗的座位。几分钟后，一个身材高大、强壮如牛、满脸挑衅的大汉，气势汹汹地坐在瘦子旁边。

对方面相太凶恶，瘦子好害怕。

起飞了，瘦子忽然间晕机，要呕吐。

想让邻座的凶恶壮汉让开一下，他好去洗手间。

可壮汉呼呼大睡，叫也叫不醒。瘦子又不敢使劲推，怕挨揍。

正俯身在壮汉之上，猛然间胃里抽搐，瘦子再也忍不住，一张嘴，哇哇哇，全吐在壮汉的胸口上。

——惨了。

——会被打死的哦。

少顷，壮汉悠悠醒来，忽然间看到胸口的呕吐物，顿时陷入沉思。

靠窗的小瘦子凑近过来，关切问道："现在，你感觉好些了吗？"

——这就是我们的人生。

——迷惘之时，总难免会有人把垃圾喷你身上，或脑子里。

所以，必须学会思考。

03

有个智慧大师，洞知天地规律，人们有了疑惑就会向他请教。

有天，来了个气质优雅、愁眉不展的女人："大师啊，救救我吧，我全家的幸福，眼看就要完了。"

"什么事情呢？"大师问道。

"是这样，"优雅女人解释道，"我是个幸福的女人，嫁了个温柔的男人，生了世间最可爱的孩子。可平静的生活如死水无澜，让幸福渐渐失去感觉。我的丈夫竟然迷恋上了隔壁暴力妹，连他自己都知道这未免太疯狂，不怕被人家打死吗？可他就是放不下。今天我带他来了，让他等在门外，请大师替他解开这个心结吧。"

"这样啊。"大师笑了，"你们先回去好吗？七天后再带他来。"

"好的。"女人带丈夫回家。

七天后，她又带着两眼痴迷的丈夫回来，再见大师。

大师对他说："人生太苦短，行乐须及时。既然你迷恋隔壁妹子，何不马上抛弃妻子儿女，和暴力妹在一起呢？"

男人大惊："你疯了吗？我的妻子美丽温柔，我的孩子可爱乖巧，你居然让我为了一个暴力妹抛弃这一切？"

大师说："可是你现在的迷乱正让你失去这一切。如此愚蠢，如此不智。请问我们两个之中，疯掉的那个究竟是谁呢？"

丈夫哈哈大笑起来："道理我都懂，就是心里放不下。谢谢大师，我现在全都想清楚了。"

丈夫放下心结，妻子入内感谢大师，又问了一句："大师，你对我丈夫，不过就是简单地说几句话而已，为什么要隔七天才说呢？"

"这个呀……"大师支支吾吾，"……这个……那啥……我就实话实说了吧，七天前你们来时，我也是正……呃，正在暗恋隔壁的妹子。"

04

诗人说：人生如蚁而美如神。

什么意思呢？

我们都是普通人。

——不思考，就会活得极卑微、极渺小，生命充满无助与悲哀。

——只有思考，才会让我们获得心灵力量，强大无敌。

继续再说智慧大师的故事。

持续而长久的思考，让大师越来越豁达，名气越来越大。

求教之人越来越多。

有一天，人们来到大师住所，正见大师伫立于山坡之下，凝神注视远方。

残阳如血，雄关如铁，大师沐浴在一片光辉中。

大师在思考。

人们不敢出声，屏气凝神，远远地看着大师。

大师在思考些什么呢？

是思考宇宙奥秘？

是思考天地玄机？

是思考人世规律？

还是在思考生命的终极？

静寂中，大师抬手遥指远方，说话了："你们看，看到了没有？"

……什么？大家拼命地眨眼睛，想看清楚引发大师哲思的东西。

可眼睛都眨酸了，还是看不到啊。

还得听大师解释——

"看到了没有，远处的路边，有一条狗！那条狗，始终在路边，一动也不动。我在这里看了三个小时了，狗也没有动弹过。由此可以证明：那是条死狗！"

…… ……

这样也行？

05

日常最大误解，是把自然出现在脑子里的东西，当成思考。

——但其实，没有受过思维训练的人，脑子中自然出现的，无非是些猫三狗四、鸡毛蒜皮。

永远是局部。

永远是表象。

于人生毫无意义。

06

好多年前，有个亚裔孩子在英国流浪。

吃不饱、穿不暖，连鞋子都买不起。光脚打零工，可怜又悲惨。

可是这孩子，每天却欢天喜地，那张幸福的脸让王子都羡慕不已。

男孩的幸福，激怒了英国人民。

终于有一天，电视台采访男孩，苦口婆心，循循善诱，劝孩子别这么幸福。

主持人："孩子，你的生活如此悲惨，一定很痛苦吧？"

男孩："……没有呀，我感觉自己好幸福。"

主持人："怎么可能？你没爹也没妈，身在异国他乡，怎么可能幸福呢？把你心里的痛苦倾诉出来吧，让大家开心开心。"

男孩："……我是没爹没妈，可我仍然活在美丽人间。我是置身异国他乡，可这里有家乡看不到的风景。命运待我如此慷慨，我怎么会痛苦呢？"

主持人怒了："你凭什么幸福？你的未来呢？你的签证呢？一个没有签证的苦孩子，口口声声说自己不痛苦，你以为我们会信吗？"

男孩："我只是个孩子，始终拥有未来。再说有没有签证，跟幸福又有啥关系？留在这里，看异域风景。回到家乡，看故里人物。这么美好的人生，你干吗非要让人家痛苦呢？"

主持人："……不是，孩子，你不能这样没心没肺，你得痛苦啊，你必须痛苦！痛苦才能获得救赎。"

男孩："那你痛苦成这惨样，可曾获得了救赎？"

主持人："……"

——人心中最大的迷乱，就是总想把自己的感受，强加于人。

误以为无端猜度，就是思考。

07

一口气讲了这么多故事。

看似全无逻辑脉络。

但实际上，这里说的是有关思考的五个法则：

——第一个，人生不思考，脑壳如空桶，铁定会被人家倒入垃圾。

——第二个，我们都是普通人，时常犯错，但又因正确的思考而伟大。

——第三个，思考只是思考，没有正确可言。永远是局部，永远是表象，看只看我们的思考能在多大程度上接近本质。

——第四个，己心不是人心，主观疏离客观，切勿以己度人。

——第五个，真正的思考，是摒弃了表象之后对内在本质的认知。

08

是英国伟大？法国伟大？还是中国更伟大？

——哪个国家的伟大都不是白给的！

真正伟大的，是人类本身。

阳明先生说：人皆可以为尧舜。

这句话的另一层意思是说，人也皆可以为平庸的人。伟大与渺小、理性与盲从、善良与卑劣、智慧与愚昧，是同时并存于我们心中的两种力量。内心微妙的感受与选择，会让我们或蚁或神，呈现出完全不同的样子。

09

——当你不再问应该相信谁，思考就开始了。

教育的本质是让我们从低层次的盲从走出，回到己心。

从更高维度上，俯瞰世相。

一旦这样做了，你就会发现：私欲与理性构成我们自己，失去思考能力的人，屈服于私欲，沦为欲念的工具，失去自由活得悲惨。而明晰认知的人，才有可能以理性为工具，获得生命的快乐、幸福与自由。

10

于思考者而言，不存在信或是不信的分类概念，只是掌握于资讯之中，提取出客观要素的能力。

过滤掉复杂的偏好与意愿，回归于客观本身。而后由此出发，逐步推进。

许多事未必有结论，而人生也不需要既成的观点。

教育带给我们的唯一价值，是高质量的思维，是思考本身。

不盲从，不轻信，不妄下结论，不固执僵化，秉持不变的探索精神，更要记住的是：无论我们的思考有多深入，永远是局部，始终在表象，所谓本质认知不过是个程度问题。

再愚昧的人，也有部分的本质意识；再高明的智慧，也掺杂着主观的偏好。唯有毋意、毋必、毋固、毋我，不臆测、不武断、不固执、不主观，才有可能获得更明晰的认知，见天地，见众生，见自己，见到我们心中那株积蕴千年、期待日久，于岩中悄然绽放的智慧花树。值此我们的心，才会获得永恒的明艳与娴静的幸福。

被催婚逼至自杀？教你五招摆平控制狂

01

澎湃新闻报道：杭州有个男孩子，单身，被父母疯狂催婚。

孩子顶不住，谎称已经有了女友。父母立即砸出 30 万，给儿子买车，催促快点儿带女友回家，马上结婚。

可是，男孩根本没女朋友，而且工作也丢了。孩子脸皮薄，不敢告诉家人，仍每天早出晚归，假装很忙碌的样子。

总之吧，这孩子没女友假装有女友，没工作假装有工作……处于人生低谷，心理压力巨大。

别人活得好嚣张，泡温泉喝豆浆。

他是活得好悲伤，在雨中拉肖邦。

父母熟视无睹，不停催促他带女友回家，终于把孩子催到崩溃。

写下遗书，干脆自杀！

幸好被及时发现，救了回来。

02

催婚催到逼迫孩子自杀。

这件事，应该让那些催婚狂父母们好好看看。

看看你们都干了些什么！

03

年轻，就意味着一无所有。

没经验，没阅历，没见识，没资本，没人脉，没人爱。

两手空空在这世上打拼，上面压着一层又一层的精明老家伙，下面是风起云涌的新生代。每个年轻人，都是磨盘下的鸡蛋，纵然未碎，也少不了肉疼。

明智的父母知道年轻人的艰难与不易，一面努力为孩子撑起片天地，一面耐心等待孩子成长。他们知道自己所说的每句话，都如铁锤一样，重重击在孩子心上。所以，他们不会把自己的价值观念与生活方式强加于孩子。

他们给孩子时间，让孩子选择。

但有的父母，丝毫不体谅孩子，凭空给孩子增添压力。

04

催婚的父母喜欢说：我是为你好。

但实际上，催婚往往伴随着严重的伤害。

网络上有个蛮好的姑娘，述说她遭遇催婚，被家人狗一样地踏践尊严的故事。

大学刚刚毕业，亲爹就在一天之内给她安排了两场相亲。

到了现场，姑娘开始怀疑自己是不是亲生的。

第一个相亲目标，是个初中生，对她大谈读书无用论。

第二个相亲目标，患有严重抑郁症，见到姑娘就痛哭流涕，哭诉自己跟前任撕心裂肺的爱情。

硬着头皮应付过后，姑娘逃也似的回家。

家人排兵列阵，正杀气腾腾地等着她。

"怎么样？"全家人异口同声问，"相中哪个了？"

"我感觉……"姑娘吞吞吐吐，"好像都不太合适。"

父亲大怒："你是女的，他们是男的，哪儿就不合适了？"

姑娘："第一个初中生，大谈读书无用论，根本没有共同语言好吗？第二个压根就不该相亲，应该去疯人院看医生。"

父亲："少说人家，人家肯要你就不错了！"

母亲神补刀："你还挑挑拣拣？也不瞧瞧你自己那熊色！"

二姨晓之以理："孩子，读书的姑娘不值钱，学历越高越难嫁，你爸这是为你好。"

大姑动之以情："你要是嫁不出去，全家都没脸见人。"

姑娘说，以前，家人都挺正常的。可一旦催婚，脸就变了，一个个咬牙切齿，怒发冲冠，用尽各种语言羞辱她。这导致她在很长一段时间内自我评价极低，以为自己真的好差。

直到有一天，导师给她介绍了个男神师兄。男神见到她，两眼刷的亮了，她居然是男神梦中的女神——明明是女神，怎么到了父母眼里，竟连垃圾都不如？现在他们孩子都有了，但始终无法理解当时的父母表现。

这是为什么呢？

05

催婚往往伴随着巨大的心理伤害。只是因为：

催婚，本质上是低劣认知观的绑架与控制。

引发催婚的控制行为，一般发生在三种情况下：

第一种情况，无力控制自我的人，必然热衷控制别人。

第二种情况，没有内心尺度的人，必有强烈的控制欲求。

第三种情况，低认知者只能接受一种价值观念，必会以控制的方式同化他人。

06

先来看第一种情况：

无力控制自我的人，必然热衷控制别人。

有部电影《唐人街探案2》，剧中的唐仁和秦风在美国追捕一个变态杀人狂。

秦风分析说：变态杀人狂，普遍具有三个特点——尿床、纵火、虐待小动物。

这三个特点，尿床是因，当事人控制不了自己的生理。

连自己的生理都控制不了，内心的挫折感必然极强。

挫折感会带来强烈的自我否定，所以当事人一定要控制点儿什么以弥补内心落差。纵火，不过是摧毁现有秩序，体验阴暗的控制感。虐待小动物，不过是满足控制欲望。

如果为父母者，没有人生目标，内心空虚，就会有着对孩子的强烈控制欲望。说穿了，不过是自己内心所缺乏的，在孩子身上补齐。所以，有些父母热衷于催婚，甚至催到了逼迫孩子自杀的程度。说白了，就是太闲。

07

催婚控制的第二种情况：

没有内心尺度的人，必伴有强烈的控制欲求。

没有内心尺度，就是心无主见。心里没有立足于世的价值体系，凡事以别人的看法为尺度。别人只要说一句：你家姑娘怎么还单着呢？没主见的父母心里立时感受到巨大压力，莫名其妙地认为自己丢人了，就找孩子大吵一顿，卸载压力。

08

催婚控制的第三种情况：

低认知者只能接受一种价值观念，必会以控制的方式同化他人。

评判一个人认知，就看他是否宽宥人性、理解人性。

洞悉人性、充满慈悲情怀的人，心里能够同时容纳几种完全相反的价值体系。

认知过低者，以己之生活方式为衡量一切的标准。自己喜欢吃肉，就理解不了吃菜的人。自己喜欢喝茶，就视喝咖啡者为异类。自己既然循规蹈矩，按部就班结婚生子，别人也应该这样。

就如第二个故事中的父母，女儿明明非常优秀，但在他们眼中统统不存在，因为他们的认知太狭隘，只放得下自己恐慌的心。之所以羞辱伤害孩子，实不过是他们自己内心的激烈冲突。

09

遇到对子女的艰难生存无感，催婚催到逼迫孩子自杀的父母，应该咋个办呢？

第一，劝父母出门旅游，颐养天年。

实际上，这类父母出门，走到哪儿也是看不惯的。就是要让他们看不惯，看不惯的事物看多了，慢慢就看惯了。纵然无法通过旅游拓展他们的人生认知，好歹也给他们找个营生，免得太闲生事。

第二，借他们信奉的权威之名，让父母知道年轻人的艰难。

催婚父母，记性都有点儿差。他们年轻时也不易，可一扭头就忘了。现在必须让他们想起来，知道孩子不容易，知道孩子艰难到了夜夜哭昏在洗手间。别再相爱相杀，别再自家窝里斗，横牛枝节了。

第三，多多推送不同生活方式的主题，扩容父母的认知量。

父母催婚，那是因为他们不知道人生还有更多选择，缺乏人际边界意识。引导他们了解一下，慢慢地，他们就会受到影响。

第四，帮助父母，找到他们的人生缺憾。

人都有缺憾。年轻时喜欢点儿什么，但为生活所迫，只能放弃——太闲的父母，有必要重温当年。一旦父母找到喜欢的事物，就忘了你是谁了。

第五，多听父母讲述他们年轻时的经历。

所有人都会粉饰自己的人生，父母也不例外。尽管父母口头上吹嘘，实际极是心虚——心虚者，就会逃避带来压力的人，自然无暇找你麻烦。

五个办法，无非是试图从时间上、心理上、人生态度上，努力让父母做到通情、达礼。

10

人生的主题，是控制。

你控制不了自己，就会被别人控制。

父母控制不了自己，就会控制孩子。

这实际上是被催婚的孩子们，人生中的重大课题。

——如果你在这个过程中能够实现理性反控制，就会突破现在的自我，获得人生成长。说到底，父母之所以敢在你成年后持续控制，就是欺负你不成熟。除非你认知足够强大，赢得父母尊重，不再是他们眼中的蠢孩子，否则这种控制只会加剧，不会自行消除。

战胜父母的控制，需要的是耐心，需要的是水磨石功夫。更需要你多多关注人性，找到父母控制你的心理根源，由此入手，迎刃而解。人生就如一场电子游戏，父母不过是第一关。如果第一关都过不去，你凭什么赢得人生未来？

人生控制，无所不在。父母的控制是最具亲和力的。朋友之间、同事之间、上下级之间，甚至恋人之间，都在上演着控制与反控制的剧目。所以说父母的控制其实是好事，给了我们一个现实的范式，让我们学习控制的心制机理，分析内在的法则，掌握控制的尺度与边界。所以尼采说：杀不死你的，必使你强大。人生成长，犹如种子发芽，突破厚重大地是需要压力的。压力面前，需要的是冷静、理性，而非情绪化的自暴自弃。

我只是善良，并不是弱智

01

我有个朋友老刘，有广有业，人耳肥头。

整天一张无忧无虑、笑眯眯的脸。

让我们"欣慰"的是，老刘以前也好惨，悲惨无极限那种。

但突然有一天，他把一件事儿想明白了，一下子就不再悲惨了，从此走上了有钱有闲养尊处优的阳光路。

02

20 年前，老刘以出国留学的名目，跑到美国淘金。

到了地方两眼一抹黑，跟当时许多赴美的中国人一样，靠在餐馆端盘子残喘。

打的是黑工，薪水超低——但如果运气好，多拿些食客的小费，算是主营收入。

可是美国那边的饭菜吃法，跟中国这边的不太一样，就连筷子都有使用说明书。老刘上工第一天，就因为弄不明白这事儿，惹客人不高兴，老板发飙，当场让他走人。

危急时刻，餐馆领班站出来，说："老板，不用赶走他，这人很上心的，我愿意花点儿时间带带他，准保不让你失望。"

老刘留了下来，对领班感激不尽。

世上还是好人多啊。

03

领班真的很仗义，把自己招待的客人让给老刘，还时常嘱咐他，诸如客人的习性与脾气，让老刘少犯错误，省了好多力气，也拿到了不少小费。

过了段时间，老刘无意中发现：领班拿到的小费，比他要多得多——几乎是他的 10 倍。

咦，领班的小费为何这么多？

仔细观察。

终于发现——领班让给老刘的，都是些垃圾客人。或是只有一点点儿小费，或是根本就不给小费。

而那些优质客户，掏小费丝毫也不手软的，领班全都留给了自己。

当时老刘悲愤交加。

我以为你是好心，岂知竟是个恶意陷阱。

04

老刘恨死了领班。

——如果警察不管，他早把领班打死十几次了！

偏巧在这时候，他在杂志上读到一篇文章。

作者是个出身贫寒的苦命人，文笔粗糙，但人气很高。

这个作家打小在佛罗里达的孤儿院长大。小时候就没吃过一天饱饭，也没接受过正经教育，行待成人，被一脚踹到社会上。

饥寒落魄，无以为生。

有一天，他饿得在街上团团转，走过一户人家，看到女主人正坐在草坪上逗着笼子里的一只鹦鹉，吃着美味的馅饼。

他饿极了，两眼直勾勾地盯着馅饼，不停咽口水。

女主人注意到他，问："需要帮忙吗？"

他嗫嗫开口："我……已经好几天没吃东西了。"

"这样啊，真心羡慕你的身材和毅力。"女人站起来回房间，一会拿着块热气腾腾的馅饼出来，"帮个忙好吗？馅饼烙多了，如果你愿意替我吃掉，我会非常感激。"

"我愿意。"他狼吞虎咽地把馅饼吃掉。

女人又说了句："希望你以后能继续帮我，我总是把馅饼烙多。"

"相信我太太，我会一直帮你的。"他保证说。

05

此后，还未成为作家的流浪儿，就每天去那户人家狂吃馅饼。

吃着吃着，他感觉好像有什么地方不对。

——是那只鹦鹉！

那只鹦鹉，人话说得惟妙惟肖。起初他去时，鹦鹉蹲在笼子里大声地向他问好。但不知从什么时候起，女主人却用一块布，把鹦鹉笼子罩住了。

不让他看到鹦鹉。

可这是为什么呢?

06

越是看不到鹦鹉,流浪儿越是好奇。

又一天,他照例去吃馅饼,当女主人回房间时,他一下子把鹦鹉笼子上的布掀开了。

鹦鹉看到他,立即欢叫起来:"那个不要脸的又来了,又来吃我们家的馅饼了。那个不要脸的又来了,又来吃我们家的馅饼了!"

当时流浪儿就震惊了。

——他还以为,人家自己辛苦赚来的食物,理所当然就应该给他吃。

——现在他才知道,施舍是善良,但不是弱智。

——万不可得寸进尺,透支别人的善意。

07

老刘说,当他读到这篇文章时,脑壳像被铁锅重击了一下。

咣当当,嗡嗡嗡。

感觉这篇文章,说的就是自己。

——领班替自己保住工作,还把客人让给自己,指导自己少犯错,那是善良!

——可自己,却反而认为领班居心险恶,坑害自己。

——仅仅是因为,领班没有把最优质的客人,全都让给自己。

——可人家只是善良,又不是白痴!

——自己凭什么用这么高的道德标准要求人家？

人家领班也是有家有口，要吃饭要谋生的。如果当初自己被老板赶走，对领班一无所损，只会让自己陷入绝境。领班做了件对他自己没任何好处，却拯救老刘于绝境的善事，可换来的不是感激，却是深深的怨憎。

就好像农夫和蛇，农夫救了冻僵的蛇，蛇却反咬农夫一口。

就好像东郭先生和狼，东郭救了狼，狼却非要吃掉东郭先生。

自己怎么会这样？

不知不觉之中，成了一个无耻的人？

当时老刘就意识到了，他好像遇到了人性的一个坑。

这个坑，已经埋了无数人，如果自己陷进去，铁定是百身莫赎。

08

那个美国流浪儿后来之所以成为作家，就是因为他发现了人性这个坑。

跌进坑里，就只能一生潦倒，怨恨不休。

爬出来，至少是个作家，可以拿这段经历换钱。

这个坑就是——对别人的善意无感。

人最怕最怕的，就是对别人的善意与善行无感。在你饿得要死时，人家给你个馅饼。一个馅饼虽然小，但那也是人家的劳动所得。你无偿占有了别人的劳动，就应该有所省悟，知道人家的付出实属不易。可是你对人家的劳动付出无感，吃了一口还想吃第二口，吃了第二口再继续吃。久而久之吃成习惯，认为人家喂你养你理所应当。一旦哪天人家养不起你了，你就会心生怨恨，却全然忘记了你所得到的一切，已是超出于人家能力之外的善良。

老刘当时就是走到这一步。领班帮他保住工作，让给他客户，他非但不感激，反而怨恨领班不把最好的客户送给自己。就是因为他对领班的善意无感，不说发愤回报，反而得寸进尺，索求无度。

09

老刘发誓，不做农夫怀里的蛇，也不做东郭先生救的那匹狼。

——改变自己看待问题的视角。

此后在餐馆里，但凡有食客进来，不管是哪个侍应生伺候，老刘都会用心做一个目测，对食客的职业、习性、脾气品性及慷慨程度，做个评估，打个分数。

自己的人生，自己努力。

自己的小费，凭本事挣。

——最锻炼人的地方，就是服务行业！

亚马逊创始人杰夫·贝佐斯，餐馆侍应生出身，拿手绝技是单手打蛋300枚，手都不带颤抖的。女影星安迪·麦克道尔，餐馆侍应小妹出身，就是端盘子时训练出一张迷死人的笑脸。俄亥俄州州议员玛西娅·福吉，就是在餐馆学会观察人的。曾任白宫幕僚长的安德鲁·卡德，是在餐馆学会操纵对手情绪的。

总而言之，老刘拿他当时落魄的情境，当成了成长训练营，刻苦磨砺认知人性。

——学习对他人的兴趣。

当他走出餐馆时，就好像是换了个人。

再也不牢骚满腹怨气冲天，再也不会对别人的善意无感。因为心里没有怨恨，理解别人付出的艰难，所以总是流露出真诚的微笑。此后的谋生，突然间变得简单、容易，只因他爬出了人性的陷阱，因而获得了更多更真诚的回报。

也获得了一生的心灵安宁。

10

人生不过一转念。

——理解别人的善意，就会努力以求之回报。

——对他人的善良无感，就会贪婪无度，怨恨不休。

前者，以智力为武器，扩展自我生存空间。以道德为盾，守护自己的心灵。

后者，以道德为武器，不断攻击别人。以智力为盾，不断替自己的负恩反噬寻找借口。

前者是一条光明坦途，后者却是一个深不见底的坑。但无论前者还是后者，双方都有充足的理由——反而是后者，那些对他人付出无感的淡漠者，往往有着更多的、怨憎理由。

对他人善良无感的怨憎，是一个死循环程序。程序一旦启动，就无休无止占据大脑空间，压抑智商。许多愤愤不平的人，就是因为脑子里始终在运行这个垃圾程序，越运行越愤怒，越愤怒智商越低。最后是把自己的命运弄成了个滴溜溜原地打转的死循环，彻底荒废自己。

走出思维死循环，爬出人生陷阱，其实也不过是转瞬之间的事。正如我们故事中说的老刘，当年与他一样情境的人，多不胜数，他们各有各的路——但终究不乏陷入思维死循环之中，接受了别人的善意却全然无感的人。这些人既无法在物质享受上获得快感，也无法享受生命自然的乐趣。总是感觉自己委屈，总觉得别人付出的还不够。然而一个人的成就与尊荣，来自自我付出的累积，别人付出再多，也无法成就于你。一念成佛，一念成魔，知其理，明其行，心打开，怨放下，你再看这世界，就与此前完全不同。

你能做事业，果然是个傻子

01

好多人陷于知识焦虑。

拼命地学，努力地干，想靠更聪明的脑壳夺取自由。

但这个方向，真的靠谱吗？

电影《阿甘正传》，很认真地探讨了这个问题。

02

阿甘，一个善良的孩子。

就是智商不靠谱。

妈妈送他去学校，校方摇头："这孩子忒傻，应该送弱智学校。"

可是妈妈不能接受。

孩子已经傻了，再不接受正常教育，岂不是更傻吗？

为儿子，她愿意做任何事儿。

为孩子付出一切的母亲，是那么美丽，那么伟大。

妈妈说：生活就像巧克力，指不定哪天被人家吃掉。

然而——如此惨烈付出，为孩子争取到的，不过是恶人谷中更加残酷的竞争。

03

小阿甘去上学。校车上，坏同学们恶意满满，不允许他坐下。

放学后，几个坏孩子蹬着自行车，追来揍他。

为什么要揍他？

——欺凌无助的弱势者这种恶，有些人不学就会。

阿甘唯一的朋友珍妮大喊："阿甘快跑，被他们逮到你就死定了。"

阿甘狂逃，坏孩子们骑自行车猛追。

……此时校长在哪里？老师在哪里？妈妈爸爸在哪里？警察又在哪里？谴责校园暴力的媒体又在哪里？

——人生就是这样惨，该有的保护都没有，不该有的伤害，一个也不缺。

——只能靠自己。

快逃吧你。

狂奔中，阿甘长大了。幸福地回头望去……当年那些骑自行车追赶自己的坏人，现在开着汽车追来了。

嘀嘀嘀嗒，追上前面那个家伙，打死他！

逃都逃不掉。

这样的人生！

04

从小学到高中，十几年被人不停追打。

正常孩子，早就崩溃了。

但阿甘没有。

他习惯了。

反而因此练成狂奔绝技，进入校队打球。

又因为有体育特长，进入大学。

再之后当兵上战场，遇到危险就立即按珍妮的吩咐，掉头狂奔。

子弹拼命地在后面追，追呀追，追呀追……他逃得好快乐，子弹追好久才勉强打他屁股上。

屁股受伤，是军人的耻辱。

却是阿甘的荣耀。

逃跑可耻但有用，不爱战争爱性命。

后来，阿甘复员。

05

军旅生涯结束，阿甘人生中最重要的两个人与他回落到同一起跑线。

幼年的知己珍妮，两人睡同一张床长大。

珍妮聪明，比阿甘智力高出一大截。

但珍妮幼年蒙受过家暴，留下极深的心灵创伤。她终生都在逃亡，想逃离这段悲惨的记忆。可是悲剧在她心里，逃到哪儿也逃不掉。

阿甘的另一个朋友，是战场上的指挥官丹中尉。

出身于军人世家，帅气、乐观、潇洒，连脚趾缝里都在向外喷射正能量。

可是丹中尉战场上遭遇埋伏，是阿甘背着他逃出生天。虽然性命保住，但双腿，给锯掉了。

从此意气消沉，一蹶不振。

06

傻兮兮的阿甘，去找珍妮。

"跟我回家，做我老婆，生宝宝好咯？"

珍妮忧伤地摇头："阿甘，这世道太黑暗，我都活不下去，你这不靠谱的智力，又有什么希望？"

傻兮兮的阿甘，再去找丹中尉。

"长官，咱们在战场上说好的，要弄条捕虾船，大家抓虾哦。"

抱着酒瓶，落魄潦倒，坐在轮椅上的丹中尉，当时就抓瞎了。"阿甘，你知道什么叫脑子吗……对，你根本没这玩意儿。这么跟你说吧，你要是能捕虾，我管你叫爹！"

07

阿甘拿他打乒乓球得到的赞助，买了条捕虾船。

天天开着捕虾船，迷茫地在河上转来转去。

丹中尉彻底被震惊了：你果然是个傻子，居然把事儿干成了。

——他们不仅学会了捕虾，还赶在龙卷风季节，把捕虾事业做成了托拉斯，成为大富翁。

但是阿甘对钱没有感觉，一如他对羞辱没有感觉。

就记得多年前珍妮告诉他"快跑"，于是他就在美国大地狂奔，跑啊跑，跑啊跑，让许多没有人生目标的美国人，狗一样地跟在他屁股后面追，渴望他引领自己，走出人生迷茫。

可是他能指导这些人什么呢？

难道还能说：诸位，都怪你们活得太聪明了。

笨一点儿傻一点儿，难道不好吗？

08

为什么阿甘能够把事儿干成？

而比他聪明一倍不止的珍妮和丹中尉，却沦为生活失败者，居然要靠他这个傻子来拯救？

为什么？

——阿甘与聪明人的区别在于，他有能耐！

09

能力，是说一个人有做事的本事，而且做得比任何人更好。

能耐，是说一个人，能耐得住。

10

能力是靠不住的。

能力越大，阻力越强，麻烦越大。

很多自诩有能力的人，如影片中的珍妮，如丹中尉，他们雄心勃勃地打拼、努力。

珍妮肯付出，敢不穿衣服上台演唱，热辣刺激。

丹中尉敢牺牲，砍头只当风吹帽，豪情万丈。

可是这俩货，却是越打拼越艰难，拼到最后，甚至连生路都断绝。

那是因为世事如棋局局新，人生博弈无定数。

博弈规律最忌一根筋，一根杆子杵到底。

有能力的人很多，不过是闭眼憋气向前猛拱，这招谁不会？

但拱着拱着，就拱进死胡同了，想退都退不出来。

11

人生成事，靠的是能耐。

12

常有人说，要耐得住寂寞。

但耐寂寞，只是能耐的最低端。

真正的能耐，是耐得住生活打压与重击。

耐得住，种种羞辱与贬斥。

聪明人如珍妮、丹中尉，他们都是善使顺风船的人。得意时飙扬万里，智力尽情地舒展。但命运龌龊又如雷，或在你幼小时伤害了你，或在你强大时弄断你的腿。这俩聪明人立即崩溃了。

因为感觉太敏锐，伤害如利刃，破腹入心，剖肝入骨。

真的好疼。

所以两个聪明人，不停地麻醉自己，坐视生活日渐不堪。

不是放弃，也不是不肯再努力。

只是承受不了心里的疼。

阿甘则不然，他拥有痴呆级别的雄厚资源。

傻！

被人打一顿，打半死，再打几百顿，再骂个狗血喷头——统统没感觉。

耐伤害！

对伤害越是淡漠，越是能忍耐。

耐力越强，能耐越大。

13

阿甘智力或许真的不高。

但人家不傻，而且有能耐。

有能耐的他，只手打造出一个捕虾帝国，让走投无路的丹中尉获得一个展示智力的商业平台。从此恢复信心，再次活得像个人样。

有能耐的阿甘，给了漂泊中的珍妮一个温暖而安全的港湾。最后，珍妮带了她和阿甘的宝宝回来，做了阿甘美丽的新娘，而后安详死去。

阿甘始终在他的位置上。

这世界激变如潮，如珍妮和丹中尉追逐着世相的潮水上下翻涌。而阿甘始终在他的位置上，静静地等待着他们。

以不变应万变，那是因为阿甘有耐力，有能耐。始终坚守这世界不变的终极法则，那就是行成于思，毁于随。合抱之木，始于毫末。九尺高台，起于累土。所谓事业，是靠了一点一滴累积起来的。而在这个累积过程中，需要平静的忍耐力，以应对四周环境的喧哗。

只有跑得足够快、耐力足够强，才能稳坐钓鱼台，以不变应万变。

14

生活就像一盒巧克力。

每个人都想吃了你。

——吃掉你的自尊、梦想和体面。

——让你于羞辱之中，自暴自弃、自甘堕落。

我们需要足够的能耐。一是有能力，二是有耐力。

有能力才会把事儿做成，有耐力才不会在意挫折，更不介意别人的冷言风语，甚至不介意所遇到的形形色色的无理伤害。

能力和耐力，一个也不能少。

失去耐力，能力带来的只是一次次挫败，带来的是孤苦无依的满心悲凉。

失去能力，耐力不过是窝囊的别称，不过是丧失了尊严的麻木。

成事之人，必如阿甘，哪怕只有逃跑的本事，那也要让任何人都追不上。没鞋的孩子更要快跑，别人追猎你，只是拿你当早餐。你之奔行，却是亡命，怎么可以不快？能力是行动，体现在外。与行并重的是知，是我们心中的耐力。知是行之始，行是知之终。能力是外在的耐力，耐力是内化的能力。真正的知行合一就是这样，不是我们想象的轰轰烈烈，而是极尽蠢萌的坚忍，与常态的人生逆反。当我们讥笑阿甘这一类型的人愚蠢之时，就需要想想自己的聪明为自己都带来了些什么。除非我们幡然醒悟，否则仍会沿袭旧的错误，越苦越累越是无法开心快乐。

简单幸福，不过是想明白、活通透了的人生。

人生要靠自己成全

你凭什么朝我要公平

01

王小波，影响几代人的学者。

思想犀利，如星辰遥指远方。

但塑造了王小波并对他影响最大的，是"他哥"。

——一头特立独行的猪猪。

02

王小波年轻时，邂逅一头猪。

敬佩钦服，尊其为哥。

大多数猪，玩不过人类，沦为食材宠物。

但这头猪不一样，此猪黑又瘦，两眼有神光，独自游荡在世界上。每次见到它，王小波都会上前鞠躬，叫声欧巴叫声哥，然后拿最好的小米熬成的粥，恭敬地呈奉给猪哥。

猪哥给面子，气哼哼就吃。

这时候，围栏里的猪都在屏气凝神，认为有哥的小米粥，铁定也有自己的一份。

——但是没有。猪哥吃了小米粥，王小波给其他猪的只是粗糠。

所有的猪怒了，一起嚎叫起来，要公正，要平等待遇，要喝小米粥。

王小波说：你们凭什么朝我要公平？

公平，是自己挣来的！

03

享有米粥特权的猪哥，拥有五大技能：

第一个，善于观察人，能够识别善心与恶意。

圈养的猪，都要阉了的。

欲练肥功，必先自宫。被阉掉的猪，从此失去梦想与追求，再也没有野心和志向，安心吃，踏实睡，长肥了挨一刀，多好？

但猪哥不接受这美好的命运。

流落江湖，红杏飘零，此心向自由，拒绝挨一刀。

当地人想了无数办法，想要阉掉它。最妥妥的，莫过于拿些好吃的，把劁猪刀藏于身后，慢慢把猪哥诱过来——可是聪明的猪哥，他大概是能够嗅出现场的杀机，又或是闻出劁猪刀冰冷的铁腥味。每当遇到这种陷阱，都会愤怒的吼叫起来：休想骗老子，你们这些坏人不会得逞的！

不！上！当！

猪哥不上当，人们就怒了。

那就来硬的。

群拥而上，抓住猪哥强行阉割！

人生要靠自己成全

——这时候，猪哥就施展出他的第二大技能。

04

猪哥第二技，飞檐走壁，越栏而出。

——不管多高的围栏也圈不住它。只听"嗖"的一声，猪哥就轻盈地跳了出来，然后撒开四足，哒哒哒跑掉了。

嘿，居然比袋鼠还能跳。

——但你再能跳、再能跑，总有累了休息的时候吧？总要睡觉吧？

等你睡着时，大家突然扑过来，按住你温柔一刀一剪没，不可以吗？

还真不可以。

因为猪哥还有第三大技能。

05

猪哥平时根本不在烂泥里睡。

而是在屋顶。

人要想爬到屋顶去捉它，总难免会有动静。最终还是玩不过他。

识人的眼，跳跃的腿，再加上高卧于安全之地。此猪自然而然地，就获得了自由与独立。

自由之后，猪哥又展示了他的第四大技能，让人领略到他那丰盈美好的心。

猪哥善于口技，模仿汽车叫、模仿拖拉机声，学得惟妙惟肖。

最爱学的，是鸣笛声。

当地乡民，以工厂的鸣笛声为收工号，准时正点回家吃饭——可是猪哥，往往还不到吃饭点，就发出响亮的鸣笛声，于是乡民们快乐地收工了。

领导很愤怒，对此很重视。

召开了专门会议。

会议一致决定：猪哥我行我素，破坏正常生物钟，必须立即消灭。

指导员率二十多人，各执手枪火枪，浩浩荡荡出发了。

大难临头，在劫难逃——值此这头猪，终于展示了他的第五项杀技。

06

二十多人的武装力量，将猪哥团团包围。

王小波哭着说：当时我好怕，不敢帮"我哥"。

眼看着，一支支黑洞洞的枪口，瞄准了猪哥。

瞄准了猪……

瞄准了……

瞄……

瞄是瞄准了，可谁也不敢开枪。

为什么呢？

聪明的猪哥，早就看穿了愚蠢的人类。他选择的站位，恰好在两支枪口的连线上。

——不管谁敢开枪，未必能够撂倒猪哥，但铁定会打到对面的持枪者。

想伤害我？

那你就必须付出代价！

猪的态度，就是如此鲜明。

持枪者很恼火，只好转换位置。

聪明的猪哥，也改变了站位——始终让自己，处于两枪连线之中，让对方无法开枪。

咦，这头猪如此聪明，还是猪吗？对峙之中，人越来越愤怒，越来越乱，不经意暴露出个小破绽，立即被猪哥抓到，"嗖"的一声冲突重围。正如鱼归大海，虎入深山，从此消失在茫茫人间。

指导员茫然地看着这一幕，绝望地说：不是我们太愚蠢，而是猪哥太狡猾。

07

此后，王小波还曾在荒野中见过几次猪哥。

长出了獠牙，更加凶猛，更加高贵。

高贵的猪哥，瞥了王小波一眼，不屑而去。

08

王小波说：我见了太多的人。

——但都不如这头猪。

09

人，活到不如猪的份上，那是因为天性中的怠惰。

环境中的舒适区、心理上的舒适区，还有习惯的舒适区，正如一个又一个的猪圈，一旦落进去，看似蛮舒服的，有吃有喝有烂泥打滚——但你这所有的舒适，都需要付账的。

识人的眼、敏捷的腿、自由的心、更高的追求与对人性的巧妙运用——

猪哥教你这几手，可以避免挨刀的结果。

10

王小波，并不是第一个被猪征服的人。

美国石油大王洛克菲勒，当他赚到超多的钱时，遭受到各类攻击和质疑——大家要求他把钱统统拿出来捐给自己。

我们这么穷，你凭什么这么有钱？

凭什么吃香的喝辣的？凭什么如此不公？

洛克菲勒说：你凭什么朝我要公平？

他告诉儿子：孩子，那些人——他们此前，也曾是一头头特立独行的猪。

但贪图舒适，又回到圈里。

人生要靠自己成全

不再忍耐，不再克制，你就成熟了

01

迟早有一天，你会成熟。

不再忍耐，不再克制。

不再怒气冲冲，不再幽怨于心。

不再看某个人不顺眼。也不会感觉到有谁特别针对你。

——到这时候，我们就成熟了。

02

有个歌手，讲述自己的经历：

电视台要搞一档重要的节目，请来好多歌手，也有她一个。

赶紧化妆，挑选得体的衣服，及早赶到录音棚，耐心等待。

导演过来了："有个事，跟你要说一下。"

歌手："啥事呢？"

导演："你选定的歌吧，那啥，有个女歌手想要唱。"

歌手："……那我唱啥？"

导演："这事等会儿再说。因为那啥吧，人家也未必非要唱你这首歌，唱什么现在还不确定。所以呢，你现在不能挑、不能选，要等人家唱完了，看看还剩下啥歌没人唱，才能轮到你。"

歌手："……她们抢我的歌也就算了，我还要等到她们唱完了，才能决定。我咋就这么倒霉呢？"

导演："我这可是为你好，如果你不答应，人家可就不唱了。"

"不唱就不……"人在屋檐下，赶紧收回话，"那我要等到什么时候？"

导演："快，你就在外边等着吧。"

"好咯。"歌手就出了录音棚，站在露天等。

——等了一整夜。

03

歌手独自站在黑暗中，一边等一边哭。

等得胃疼，化好的妆全花啦。

看着别的歌手录好节目，开开心心地离开，自己哭得更凶了。

天亮后，经纪人对她说："不要再等了，咱们上午还有演出，走吧。"

看看表，这都早晨 8 点了。

就放弃了，呼哧呼哧赶到机场，这时候接到导演的电话："准备好了吗？可以进来唱了，你只有一句歌词哦。"

——从昨夜 7 点开始，等到早晨 8 点，就为了一句歌词？

就对导演说："不好意思，还是算了吧。"

那边导演却很坚持，说给你留了个特好的位置，不来唱就可惜了。

想来想去，最后还是回去了。虽然整个节目中，自己只有 3 秒钟的露脸机会，但特别抢人眼球。

歌手说："观众坐在电视机前，只看到一张又一张漂亮的脸，哪里知道台下的算计与争斗，那是相当坑人的。"

寒风中等待 13 个小时，才等到 3 秒钟一句词，这就是人生。

04

都知道自己不容易。

但很少会意识到，别人其实更难。

当你满腹委屈，手拿纸巾擦泪，羡慕女明星女歌手的光彩照人时，何曾想得到，她们为了 3 秒钟的镜头——你眼皮一眨，就会错过的 3 秒——曾经站在冷风中，等了整整一夜。

费这么大力气，就为了让你看她一眼。

可你根本没心思。

因为你觉得自己超委屈，你等的时间没有歌手长、付出的不如人家多，但心里委屈的情绪却比人家强烈。

付出不多，委屈不少——这就叫不成熟。

05

以前读过一部老书，讲一个间谍潜入某个国家，奉命从一个重要组织的工作人员中挑选出来一个干掉，然后自己再找机会钻进去。

选择第一个目标。

向上级报告："这个咋样？"

上级是个精通人性的老狐狸，回复说："此人工作很努力，但表情轻松。职位不算高，但满心快乐。没什么朋友，但自得其乐。这样的人看似普通，实则成熟圆润，心性淡泊，此乃一等一的高手。千万别去惹他。惹毛了他，你会死得很难看。"

唔，这个不行。间谍只好换个目标。

又挑出一个，问上级："这个咋样？"

上级回复说："此人工作虽然勤恳，但表情烦恼。职位不错，但言语激愤。没什么野心，但喜欢喝杯小酒。这个比上一个差多了，但此人能忍，虽然他不喜欢眼前的一切，但是为了生活，他忍了。这样的人介于成熟和半熟之间，拼起命来极是凶狠，还是换个更安全的目标吧。"

这个也不行。间谍只好再换目标。

06

间谍第三次换了目标，请求上级核准。

这一次，老狐狸上级回复说："这个家伙，有一张倔强的脸，好像要跟全世界对抗。他沉默寡言，对任何人都没半句好话。这是个不耐烦的家伙，他觉得自己的付出全都不值，他心中涌动着的，是绝望与自暴自弃的心态。他必然焦躁易怒，凡事爱走极端。这是你最好的机会，马上动手吧。"

间谍问："那我该如何下手呢？"

老狐狸指导说：

"首先，你要在小事上刺激他，时常给他制造一点小麻烦，不成熟的人内心异常敏感，一点小事就会造成强烈的伤害。

"其次，你要利用各种机会，在他的同事之间散布说：要远离负能量的人。这样就不会有人愿意听他的抱怨，让他心中更加愤怒。

"最后，给他制造大的冲突。不成熟的人，心智脆弱，宛如一枚鸡蛋，稍微施加点外力，就会"啪唧"一声崩溃。"

间谍问："然后呢？"

老狐狸说："然后你就干掉了他。不过，你要永远记住，你之所以能够干掉一个人，那是因为他自己先行干掉了自己。当一个人过于长久地处于不成熟状态，就会觉得不耐烦，觉得不值得。这时候他的前途已经行至终点，他已经无法再适应自己所依赖的生存环境。这样的人没有未来，也没有明天。"

间谍依计而行，果然轻松摧毁对方。让对方自动放弃，给自己腾出了位置。

07

任劳，不任怨——无功。

任怨，不任劳——无用。

08

不成熟的人，基本上都能做到任劳，却意识不到任怨的价值。

力出了，活干了，却嘟嘟囔囔抱怨不休，让自己的工作价值锐减。

为什么抱怨会减损我们的工作价值？

一个满腹幽怨的人，必然是个不成熟的人，是个无法让人信任、无法委以重任的人。

人在世上飘，哪能不挨刀？一个人想要得到什么，总要有相应的付出。小时候，哪怕只是要个芭比娃娃，都得先行讨好爹妈。长大了，我们要的更多，要房要车要高薪要漂亮老婆或能干老公，这些东西可以买多少个芭比娃娃？

想要这许多，那应该付出多少？

歌手之所以愿为 3 秒镜头一句词，独立寒风一整夜，那是人家想要个发挥自己天赋的大舞台。这个舞台上面早就站满了形形色色的奇怪生物，你不付出点代价，凭什么据有一席之地？

我们每个人所在的社会位置，也是一样。

这个位置，跟我们的付出未必成比例，但一定与我们的成熟度成比例。

任何时候一旦认为自己付出的不值，那就是失去这个位置的时候了。

09

古书《唐语林》中，有个怪故事：

唐朝时尚书卢承庆，负责考核官员。有个官员督运，遭遇风雨，造成损失。卢承庆评定说："负责监运，却造成损耗，给你个下等。"

对方容止自若，坦然而退。

卢承庆急忙叫："刚才你态度从容，这叫雅量，考评改成中等。"

对方无喜无愧，拱手退下。

卢承庆又叫道："你好厉害，宠辱不惊，给你改上等。"

这是古时代的事儿，一会工夫考核成绩就人为改了三次，可知古人的管理手段就是粗糙落后，没个明文章程，完全凭主观感觉。

——但这正是人性！

许多年轻人，初入社会，渴望能有个明确的规则、清晰的制度，这样也好让自己行立有据。社会的确也应和了年轻人的需求，给出了不计其数的规制条款。

但所有的条款，都只是纸面上的。

——万古不易的衡量法则，始终是不变的人性。

——始终在我们心里，未曾发生丝毫变动。

10

许多的所谓成熟，不过是强自忍耐。

又或是被习俗磨去棱角，变得世故而圆滑。

——当你不再忍耐、不再克制，才会真正的成熟。

不再忍耐，那是你已经洞悉人性，知道人类社会的竞争是必然。有竞争就有手段，就会有花样，会有各类不堪入目的招数。之所以忍耐，那是因为我们心中不肯接受人性现实，情绪强烈而被迫隐忍。但当我们认知到这一点，心中感受到的，唯有知而不言、笑而不语。

不再克制，那是你已经学会正确评价自己，心里不再总是充涌着无名怒火。有怒制怒，有悲抑悲，倘如果心中无怒无悲，还需要克制什么呢？

真正的成熟，是我们独特个性的形成，真实自我的发现。宠辱不惊，淡泊沉静，以悠闲的心态直面人生。

但愿我们时时提醒自己：我们看到的，比我们理解的要多。我们看不到的，比我们看到的要多。我们不是世界的中心，也不是一切的标准。所以允许自己不懂得他人，也允许他人不懂得自己，从此知道每个人都沉陷于自己心中，为焦虑的情绪所笼罩，失意者都是败于自己之手，因为他们未能响应生命的节律而成熟。我们不会得到还不该得到的，同样也不会失去不该失去的。如果生命不是这样，或许是我们看错了自己。

我好心请你吃饭，你却当面羞辱我

01

莫大先生说：人不要脸，天下无敌。

这个莫大先生，不是衡山剑派的掌门。

是人性大师、诺贝尔文学奖的获得者莫言。

原话也不是这八个字。

而是：自尊是吃饱了撑的。

一听你就知道，莫言先生受刺激了。

02

莫言先生请朋友们吃烤鸭。

鸭饼裹肉，鸭架为汤，吃得心花怒放，幸福到飞起。

正吃得开心，请来的朋友们突然失笑起来，指着莫言道："你们看，你们看莫言，知道什么叫不要脸不？看他那副狼吞虎咽的吃相，非要把这顿饭的钱再吃回去。我说莫言你至于吗？"

"你……我……"当时莫言就惊呆了。

我好心请你吃鸭，你却当面羞辱我。

03

委屈的莫言，回家找妈妈。

哭诉请朋友吃鸭，反遭羞辱的不堪。

妈妈抱着他，哭着说："我的娃，不要哭。以后再有饭局，你事先喝两大碗稀饭，再吃俩大馒头。到时候你根本不饿，吃得不猴急，他们自然就没理由羞辱你啦。"

这个办法好。

莫言遵照妈妈的叮嘱，先吃饱，再赴饭局。

吃的时候，不紧不慢，不温不火，不慌不忙，不疾不徐。

正慢条斯理地吃着，朋友们突然指着他，哈哈大笑起来："快看莫言，快看，知道什么叫不要脸不？这就是，你一个大老爷们，吃起饭来理应狼吞虎咽，在我们哥儿几个面前，你装什么小鲜肉贾宝玉呢？"

"是呀是呀，"朋友们放下饭筷，纷纷谴责莫言，"莫言，做人要本分，莫装蒜，装蒜是混蛋。知道林黛玉不？绝色美女哦，可她也得上厕所，也得坐马桶，你跟我们装什么装？"

"你们……我……"当时莫言丢掉筷子，大哭起来。

吃得快你们骂，吃得慢也骂——还让不让人活了？

04

莫言，不是第一个无端遭受羞辱的人。

也不会是最后一个。

谁在背后不说人？哪个背后无人说？

人生路，是由恶意与非议的唾沫星子铺成的。事业成就，不过是在别人的讥讽嘲笑中上下沉浮。

05

毕淑敏，著名女心理学家。

少女时代的她，貌美如花，柔情似水，是医科大学的一名自费生。

没考上大学，自己掏钱听课。

教授是个白发飘飘的小老头。

讲课时举重若轻，风度翩翩。

下了讲台，混进人群，就是个干瘪小老头。

小老头讲完课，走路绕行一个机关小区，到公交站搭公车。

而毕淑敏，就住在那个机关小区里。知道有条路，直通小区后门，可以让教授少走一大截弯道。

于是有一天，当教授步行至小区门口时，毕淑敏追上来："教授，教授，从这个小区里边走，能少走好多路。"

教授停下来，笑咪咪地说："你是我的病人吧，长得好漂亮耶，病情好些了吗？"

毕淑敏："教授，我不是病人，是听你课的学生。"

哦，原来是学生呀。教授好开心："学生和病人，傻傻拎不清。不过我为什么非要走小区呢？小区人多又杂乱，我不喜欢。"

毕淑敏："可是教授，我们小区里有个小花园，很美丽的。"

"真的吗？"教授动了心，"那咱们今天就从小区里边走。"

走进小区，毕淑敏看到一个人，突然害怕起来。

06

陪教授走进小区，毕淑敏就看到位大妈，正侧坐在一块石头上，织着毛衣。

毕淑敏说，看到这位大妈，她的心如被黄蜂突然蜇了一下，吓到半死。

为什么呢？

因为，正常人类的视线，都是正前方 120 度。

而这位大妈，她的视线却是斜边 120 度。

——她正襟危坐织毛衣，却能看到斜侧的人和事儿。

就是俗称的斜眼。

还是年轻妹子的毕淑敏，在这双充满了恶意与揣测的斜眼面前，充满了恐惧与不安。

果然，没过几天就出事儿了。

07

这天毕淑敏正要出门去听课，妈妈忽然叫住了她：

"听说你……跟个小老头好上了？"

"没有！"毕淑敏急了，"人家是我的教授，穿过咱们小区去公交站，我们就是顺路一块走。"

"听说你……天天跟小老头在花园里，聊天聊到半夜？"

"没有！"毕淑敏快要急哭了，"人家就是指给教授小花园的风景，根本就没那么夸张，好吗？"

"听说你……哎，你还没有男朋友，要谨言慎行，须知人言可畏呀。"

"可畏个屁！"毕淑敏气炸了，"就是那个斜眼老女人，整天盯东家看西家，无端猜测胡言乱语，真是可恶！"

08

虽然在母亲面前又吵又吼，可年轻的毕淑敏从心里怕死了斜眼老女人。

当天，教授兴致勃勃跟她走到小区门口，抬腿就进。

毕淑敏急忙拦住他："教授……要不……要不教授你今天从小区外边走吧。"

教授："为什么？"

"因为……"毕淑敏急得要哭，"小区里有个斜眼老女人，她在编排咱们俩的瞎话，说咱俩那啥……那啥了。"

"真的吗？"教授心花怒放，"我一生发愤苦学，临老最不正经，最喜欢听人编排我和漂亮女学生的瞎话。是谁这么理解我？快进去指给我看。"

"别别别……"就在毕淑敏的慌乱中，教授已经大步流星地走进了小区，进门就东张西望："是哪个老女人编排咱们的瞎话，快告诉我，快点。"

"教授你……"毕淑敏吓得差点哭出来，她真的好怕那个女人。但教授不依不饶，非要让她当面指出来。

没办法，就怯生生的，指了指坐在石头上的斜眼老女人。

教授立即冲过去，直杵到女人面前，鼻尖对鼻尖，张口第一句话就是：

　　　　人生要靠自己成全

"你有病！"

09

老女人正坐在石头上织毛衣，斜视观察周边人物，脑补各种不存在的情境。

突然间教授冲上前来，张口就说她有病。

当时老女人就炸了，毛衣一扔："你才有病，你全家都有病！"

"没错，我是有病。"教授说，"我心脏和关节都不好。但我正在治疗。而你的病，是极严重的眼疾，如果不抓紧治疗，会失明的哦。"

"你……"老女人被弄糊涂了，"你谁呀你？红口白牙诅咒人？"

教授掏出他的工作证："看好了啊，我可不是诅咒你，是大医院的眼科专家。所以你的病，我一眼就看出来了，你那啥，赶紧的，明天去我那里挂个号，我给你做个全面检查，好好治疗一下。"

老女人果然见多识广，立即转怒为笑，满脸阿谀："谢谢教授，谢谢你，赶明儿一早我就过去挂号，教授你可要亲自给我诊治哦。"

教授冷笑一声："要谢，就谢我的学生吧，是她先注意到你眼睛有问题的！"

10

莫言先生说："世上的事儿，都是注定好了的。
该着受羞辱的命，给你戴上皇冠也逃不掉。
别流泪，坏人会笑。
别低头，皇冠会掉。"

唐朝时，有俩奇怪的和尚，寒山与拾得。

此二僧就是民间传说中的"和合二仙"。

仙名"和合"，但两人的风格很不"和合"。

古老的记载中，流传最广的是这一段：

寒山问拾得："世间有人谤我，欺我，辱我，笑我，轻我，贱我，恶我，骗我，该如何处之乎？"

拾得答："只需忍他，让他，由他，避他，耐他，敬他，不要理他，再待几年，你且看他。"

遁入空门俩和尚，与世无争。世人还要追上去谤之，欺之，辱之，笑之，轻之，贱之，恶之，骗之，其余人等，岂又能逃得脱？

讥谤与恶评，如蛆附骨如影随形。逃不脱，躲不掉。

——这就是人性！

11

当人感受到压力时，总是本能的转向外部攻击。

所以，英国哲学家托马斯·布朗说："当你嘲笑别人的缺陷时，却不知道这些缺陷也在你内心嘲笑着你自己。"别人讥嘲你时，其实是在评价自己。

当我们看别人不顺眼时，不过是自己的心态失衡。

所以莫言在屡遭羞辱之后，妈妈劝慰他："孩子，你得到多少，就该承受多少。你都得诺贝尔文学奖了，别人骂你几句松松骨、出出气、泄泄火，咋滴，不行吗？

鲁迅先生说："岂有豪情似旧时，花开花落两由之。"世间事儿就是如此，每个人心里都承受着巨大的成长压力，越是缺少人生成就，就越是易于转向外部攻击。

你长得高，说你像竹竿。你长得矮，说你像冬瓜。你长得美，说你绣花枕头。你长得丑，说你相由心生。你干得好，说你存心显摆。你干得孬，说你无能之辈。你是女人，说你头发长见识短。你是男人，就说三条腿的蛤蟆难找，两条腿的男人有的是。你做善事，说你存心不良居心险恶。你不做事，说你无所事事浪费青春。总之人家心情不爽，你吃喝行走坐卧统统是错。

做人，第一是警醒自己，永不外部攻击，不讥讽别人，留下力气成就自我。第二是珍惜每一次机会，纵然是机会越多谤议越多，干得越好讥评越烈，但也要豪情如铁，心无所动。与其在讥评别人时荒废自我，莫如任人嘲讽成就事业。既然这是人性，我们就以最开明的心态接受它，让人性的弱点，承载着我们步向辉煌，这才是我们了解人性的价值与目的。